鳥取環境大学の
コバヤシです。
今日は、みなさまに
私のとっておきの
フィールドを
ご紹介しましょう。
モモンガの棲む
芦津の森です。
そして、私と一緒に、
モモンガ調査の雰囲気を
味わっていただければ
幸いです。

これが私のお気に入りのフィールド、智頭町にある芦津の森です。

ヒキガエルのオタマジャクシをお腹いっぱい食べたアカハライモリに出合った。ちょっとお腹を押して吐き出させてみました。

ツキノワグマが爪でマーキングしたと思われる跡がついた木。

不明のかじり跡がついていた木。近くにそのかじった樹木片を運びこんだと思われる巣箱があった。どんな動物の仕業か今もわからない。

秋に巣箱を開けたら、ミズナラの堅果がいっぱいしまわれていた。ヒメネズミの仕業だろう。

ヒキガエルの青年が見つかった。森はヒキガエルを育むゆりかごである。

枯れた巨木がある。幹には大きな樹洞があり人が中に入れる。入っているのはOくん。

ブナにつけた巣箱に、2匹のヤマネの子どもが入っていた。

調査のときにはここで食事。
谷川の水はきれいで魚もたくさんいて、
学生たちも大喜び。

芦津の森で、はじめてモモンガに出合った場所。
真冬の森で、巣箱から顔を出してじっとこちらを
見ていた。

シジュウカラにモビングされた!
でもそれは私には逆効果。
卵かヒナがいる?
……やっぱり卵だ。

子育て中の母モモンガににらまれた。
お願い、そこをどいてくれないと、
私、木から下りられないよ。

1

めざすは巣箱をつけた木。

4

そして、巣箱ごと下ろして、網袋に入れる。
体重測定をして、個体識別のための
マイクロチップを尻の皮下に入れる。
さらに、毛を少しもらう。
DNAを調べるためだ。

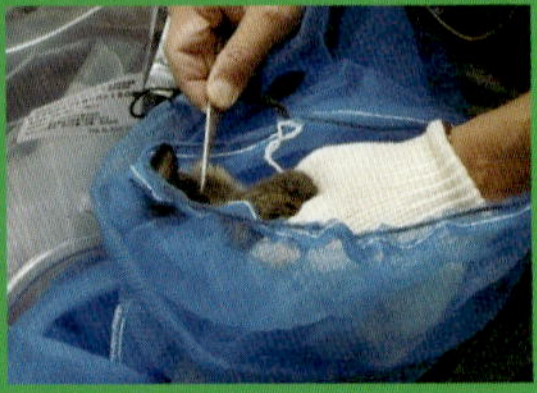

調査中、私がよく使う
なぐり書き用の小さな
メモノート。初公開。

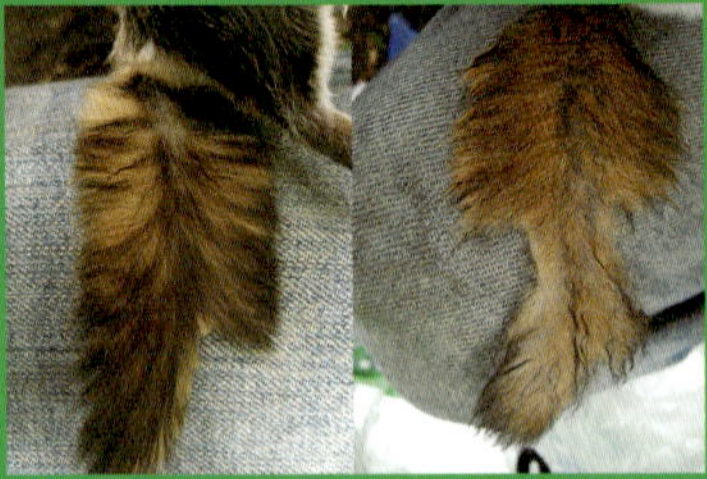

個体識別のために尾の毛を刈る。
科学的美的センスが問われるところだ。

2

よし、まず今日は
この木から
始めよう。「B-5」

巣箱は1本の木の3カ所
(0.5m、3m、6mの高さ)につけている。

地上3mに設置した巣箱を
チェックしている学生。
地上6mの巣箱が調べられる
のは私だけ。

3

特別公開、
赤ちゃんモモンガ。
愛らしすぎ。

持つときはそっとね。
「あ?れ??」という感じ?

目、髭、吻部、足、
よーく観察してください。
樹間を飛ぶのに都合が
よいようにできている。

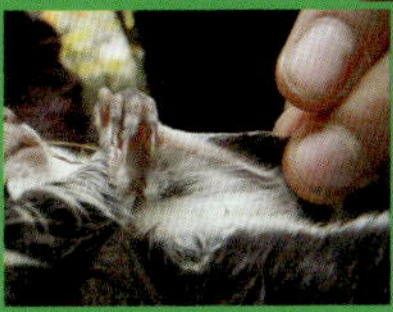

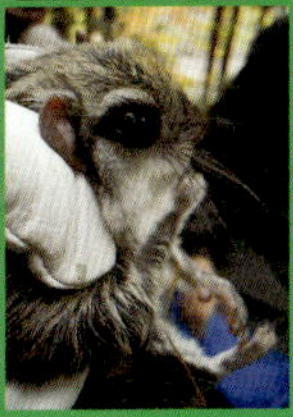

モモンガにさわって測定などをしても
いいのは、許可をもらっている私だけ。
学生さんたちは……写真を撮ったり、
ちょっとだけしっぽにさわったり。

忽然と姿を消した幻のカエル（13ページ）

いざ、コウモリの棲む
洞窟探検へ。

いた！ キクガシラコウモリだ。

洞窟の入り口付近にあった、スズメバチの巣。暗闇にぽっかり浮かぶ満月のようだ。

すわ、世紀の大発見か？
雪が降り積もった人里離れた山中のコウモリ洞窟の奥、
漆黒の闇の底に広がる地底湖に、なぞの動物がいた。

イワガニはなぜ頻繁に脱皮するのか（51ページ）

潮だまりにひょこひょこやって来たタコの子ども。チビタコ太郎。

餌のとり合いをする2匹のイワガニ。おいおい。これがまた、見ていて飽きないのだ。

チビタコ太郎は小さくてもタコなのだ。背景の色によって体の色を変える。

岩を乗り越えた海水が岩の窪地につくる潮だまり。よく見るといろいろな生き物がいる。

うす青いイワシの稚魚が群れている。美しい。

あぁっ??! イトマキヒトデに襲われるベッコウカサガイとオオコシダカガンガラ。はたして貝の行方は？

ウミウシはバリバリ海藻を食べて、眠ったまま糞をする。
出るぞ、出るぞ、出た!?という感じ。

ヒキガエルのオタマジャクシを食べる芦津のアカハライモリ（99ページ）

池のまわりの木に
ぶら下がっている
白い袋のような
ものは何だ？
と思われたら
115ページへ。

貫禄のある中年ヒキガエルに遭遇。

お腹いっぱいオタマジャクシを
食べたアカハライモリ。
ちょっと腹を押して、
吐き出させてみました。

アカハライモリの産卵。下の写真の○印が卵。
まず丁寧に葉っぱを折りたたみ、
そこへひとつ卵を産みつける。
そしたらまた次の葉っぱを折りたたんで……
の繰り返し。頭が下がります。

アカハライモリは山をめざす。
元気で暮らせよ。

先生、モモンガの風呂に入ってください！

［鳥取環境大学］の森の人間動物行動学

小林朋道

築地書館

はじめに

突然であるが、昨年、新しい年度が始まって数カ月たったある日、一日の間に三回も、学生から私への動物のプレゼントがあった。

最初は、一年生のＴａさんからのプレゼントであった。

ドアがコンコンとなった。そのとき私は四年生のＹくんと面談をしていたのであるが、とりあえずどんな人がどんな用件で来られたのか確認しようと思って、「どうぞ」と答えた。

Ｔａさんは明らかに手に何かを持った様子で、ニコニコしながら入って来て、

「これが廊下に落ちていたので持って来たんですが、先生、要りますか？」

と言った。

なになに？

と興味を示す私にＴａさんが手を開いて見せてくれたのは、立派なシロスジカミキリであった。

私は、実験以外の目的で動物を飼うことは差し控えているので、「うん、要ります」とは言わなかったが、野生の見事な造形を味わわせてもらった。Ｔａさんにお礼を言って、撮らせてもらった写真が下のものである。

それから数時間して、またドアがノックされた。今度入って来たのは、一年生のＫｕさんだった。

Ｋｕさんも入って来るやいなや、

「先生、これ要りますか」

と言った。

Ｋｕさんが持っていたのは、カブトムシでもカミキリムシでもなかった。Ｋｕさんが持っていたのはヘビだった。アオダイショウだった。

私はちょっと驚いた。

もちろんヘビにも驚いたのだが、そのヘビを持って

Taさんが持って来てくれたシロスジカミキリ

いるKuさんの姿にも驚いた。

Kuさんは、こともなげにヘビを腕にまわして、顔（ヘビの）を私のほうへ向けていたのである。

「道路のところで見つけたのでとってきました。アオダイショウです」とKuさんは続けた。

（「とってきました」って、いったいどうやって捕獲したの、と私は心の中で思いつつ）

「うん、それはわかったけど、あなたの登場の仕方もけっこう刺激的だねえ」「ヘビ、怖くないの？」

Kuさんは即座に答えた。

「ヘビ、好きです」

またすごい人が入学してきたなーと思いつつ、私もそのアオダイショウにさわり、それが雌であることや、なかなか顔つき（ヘビの）が美人だねといったようなことを一緒に確認しあった。

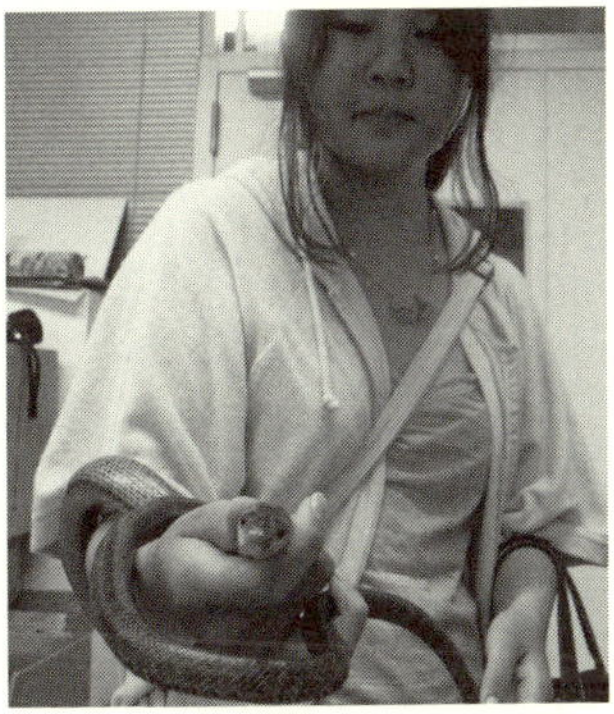

なんとKuさんはアオダイショウを腕に巻いて現われた

でも、こちらのほうも、「うん、要ります」とは言わなかった。すでに、私のところには「アオ」という名のヘビがいたのだ。

今までいろいろな学生が動物を持って来てくれたけれど、さすがに、片手にヘビを巻いて登場したのはKuさんがはじめてだった。

ちなみに、その話は私の周辺の学生たちの間にも広まったようで、野生生物への関心と博学さにかけてはちょっと有名な四年生のIyくんの耳にも入ったらしい。そんな話を聞いてIyくんが喜ばないはずはない。私の研究室を訪ねてきて、うれしそうな顔をして「その学生は誰ですか」「その学生と是非話がしてみたい」と言った。

私はKuさんのことを教えてあげた。どうぞどうぞ、二人でかなり濃い話をしてください。

その日私に動物を持って来てくれた三番目の学生は、二年生のHくんであった。

プロジェクト研究という授業が終わって研究室にもどっていたら、Hくんが「これ、先生の忘れ物でしょ」と言って、カナヘビ（トカゲの一種）を私に差し出した。

ちなみに、Hくんも大変動物好きな学生で、「Iyくん二世」と呼ばれていた。Iyくんと一緒によく生物採集に行ったり、動物の展示イベントに行ったりしていた。

そのHくんが私に差し出したカナヘビを見て、一瞬、間《ま》があって……記憶がよみがえってきた。そう、確かに私がプロジェクト研究の授業で使った教室に連れていったカナヘビだ。

「あっ、ありがとう！　忘れていたな！　でもそれどこにいた？」と聞く私に、Hくんが教えてくれた。

「先生が出て行ったあと、教卓の上の、マジックを入れてあるケースの中でもがいていました」

記憶が完全によみがえった。

つまりこういうことだ。

プロジェクト研究が始まる直前、教室に向かっていた私の目に、廊下の隅でもがいている動物の姿が入ってきた。カナヘビだった。

なんでそんなところにいるのかわからなかったが、とにかく床が滑るものだから、カナヘビは前に進もうとしてもうまく動けず、もがいているような状況だった。

Hくんは私が教室に忘れたカナヘビを届けてくれた

私は授業の教室へと急いでいたが、体が勝手に動き、自分でもよくわからないうちにカナヘビをつかまえて教室に入っていた。

さて、では授業を、となったとき、当然のことながらカナヘビがじゃまになる。何か中に入れておけるものは……と探したら、教卓の上の、ホワイトボード用のマジックが入っているケースが目に入った。

ああ、これがいい。とりあえず入っていてね。あとで外に放してあげるから。

そして一生懸命授業をしたのでカナヘビのことはすっかり忘れて……。

そういうことだったのだ。もちろん、カナヘビは（ちょっといじられたあと）すぐに外に放され、うれしそうに草むらの中に消えていった。

三者三様のプレゼントであるが、学生たちがからんだ動物とのかかわりはいいもんだ。

まー、相変わらず私は、そんな感じで日々を過ごしているのであるが（もちろん、ちゃんとしたこともやっている）、今回の〝先生！〟シリーズ第六弾では、これまでの内容とは少し違った話も織りこんだ。

私は、ここ数年、鳥取県の智頭町《ちづちょう》芦津《あしづ》の森で、ニホンモモンガを中心とした樹上性鳥獣類の調査を行なっている。そして、その調査と連動する形で、豊かな森の保全につながる活動を始めたのである。（私は芦津モモンガプロジェクト、略してＡ・Ｍ・Ｐと呼んでいる。）

すばらしい。

地域の人たちと一緒に、ニホンモモンガなどの地域の野生生物についてよく知り、モモンガをシンボルにしてさまざまなグッズを考案・生産・販売したり、モモンガの森でのエコツーリズムを企画したりする活動である。（売り上げの一部は、森の保全のために使う予定である。）

その詳しい内容は本文にも書いたが、グッズやエコツーリズムについて関心をもたれた方は、インターネットで「芦津モモンガプロジェクト」と入力して検索してみていただきたい。（アドレスは http://dem.kankyo-u.ac.jp/momongashop.html である。参考までにグッズの一例を巻末二一〇ページにあげている。）

最後になったが、本書の完成については、築地書館の橋本ひとみさんに大変お世話になった。本書とＡ・Ｍ・Ｐを連動させたい、という私の希望を積極的に応援してくださった。心からお礼申し上げたい。

小林朋道

◆目次

本書の登場動（人）物たち

忽然と姿を消した幻のカエル

さまざまなコウモリたちが冬眠する小さな洞窟にて

今回、第六巻になる〝先生！〟シリーズであるが、第一巻のタイトルは『先生、巨大コウモリが廊下を飛んでいます！』だった。

忘れもしない、二〇〇六年五月、翼を広げると五〇センチメートルにもなる（**はっ？　ばれました？**　巨大と言うにはちょっと足りませんね）コウモリが、大学の一階の廊下を、バサッバサッと（**はっ？　ばれました？**　バサッバサッはちょっと表現が大げさすぎですよね）飛んでいたのだ。

それを発見して私に教えてくれたIくんも、今は卒業して、某大手販売店で働いている。一年ほど前、妻と一緒にそこへ買い物に行ったら、偶然、働いているIくんに会った。そのときもIくんは、私に小さなかわいいカニをプレゼントしてくれたのだ。もちろん生きたカニであり、それは別にお店の景品というわけではない。

Iくんの説明によると、なんでも、たまたまその日出勤してきたら、会社の敷地を歩いていたというのだ。放っておいて車にでもひかれたらかわいそうだと思い、保護してプラスチック容器の中に入れておいたのだという。

そんな折も折、私が買い物に行って、偶然にもIくんと出会ったということだ。（私はIくんがそこで働いているとは知らなかった。）

事情を聞いた私は、そのカニを預かって、買ったもの（電気製品）と一緒に帰ることになったのだ。

Ｉくんと私と動物……強い絆があるのかもしれない。あのときは〝巨大コウモリ〟だったけど、今度は、かわいいカニか。次に会ったときは、何が出てくるのだろうか。

〝巨大コウモリ〟の話にもどろう。

Ｉくんが知らせてくれて捕獲の運びとなった〝巨大コウモリ〟は、オヒキコウモリという種類で、その後、レッドリストの改訂により、環境省の指定では、最もレベルの高い（つまり絶滅の危険性が最も高い）種《しゅ》になった。

私の捕獲が、鳥取県でのはじめての捕獲記録ということになり、大いなる好奇心とちょっとした使命感を感じつつ、私はその後（今も）、オヒキコウモリの繁殖地を探している。全国でも数少ない繁殖地の例では、海岸近くの岩の裂け目などが知られており、私も鳥取の海岸に行く機会があるとそういった場所を探している。

簡単に見つかるわけはないのだが、海岸でも開発が進む状況にあって、今後の保全のためにもあきらめずに探したい。いつの日か、きっとすばらしい出合いがあるにちがいない。

ところで私は、大学でオヒキコウモリを捕獲してから数日後、大学から車で二〇分ほど西に行った山の斜面で、キクガシラコウモリのコロニーがねぐらにしている小さな洞窟を見つけた。中には小さな池があり、それはそれは透明できれいな水がたまっていた。

これからお話しする出来事は、そのコウモリの洞窟で起こった**スリルとサスペンスに満ちた驚愕のドラマ**なのである。

私は、キクガシラコウモリたちを、くれぐれも驚かさないようにしながら、時々（一、二カ月に一度くらい）、その洞窟に立ち寄っていた。

昼間そこで過ごすコウモリたちは一〇匹程度で、洞窟は、すぐそばの小道のわきにそそり立つ大きな岩の、下から一～二メートルほどのところに口を開いていた。

口は三つあり、その一つから入ると、高さが一メートルほどの狭い通路が、横に広がりながら奥へと続き、三つの口は中で一つの通路につながっていた。

身をかがめるようにして、さらに奥へ奥へと進むと、天井はそのままで底面が緩やかに下り、その結果として、上下左右に広い空間が現われた。そこで洞窟は終わっていた。（私はそこをボトムホールと呼んでいた。）

大学から車で30分くらい行ったところに、キクガシラコウモリのコロニーがねぐらにしている洞窟がある。下は岩にぶら下がるキクガシラコウモリ

通路の途中には、何本かの岩の柱があり、全体としてはけっこう複雑な構造になっており、その奥に、ボトムホールがあったのだ。

コウモリたちは、ボトムホールの天井にぶら下がって休息していることが多く、時には、通路部分の天井にぶら下がっていることもあった。

コウモリたちがぶら下がっている場所の下には、彼らが排出した糞や、食事中に落ちたと思われる餌のかけら（たとえば、コガタスズメバチの頭部だとか、ウスバカゲロウの翅《はね》など）が積もっており、彼らが、コガタスズメバチやウスバカゲロウ、蛾、トンボなどを餌にしていることがうかがえた。

夏には、洞窟の背後を覆うスダジイやアラカシの豊かな森から、時折、ヒヨドリのやかましい声が聞こえた。また、洞窟の前に広がる田んぼの中を流れる川からは、カジカガエルの美しくもあり物悲しくもある声が聞こえた。

コウモリたちは、これらの森や田んぼや川を飛びながら餌をとり、元気に暮らしていたのだろう。一、二カ月に一度くらい現われる不審な動物に動じることもなく。

さて、私がその洞窟を発見してから二回目の冬が来た。

洞窟の入り口は３つあり、それらは洞窟の中でつながっていた。さらに奥へと進むと、広い空間が現われ、洞窟はそこで終わっていた。洞窟の天井は低く、這うように進まなければならなかった

私は、今年こそやってみようと思っていたことがあった。それは、コウモリたちの冬眠の観察であった。

ところで、私のゼミの学生の中に、高校のとき北海道でコウモリの調査をしたことのあるＩgさんがいた。Ｉgさんは、キクガシラコウモリについては調べたことがないということだったが、コウモリ一般の習性として、冬は冬眠が可能な条件の整った場所へ移動することが多いと教えてくれた。実際、コウモリに関する論文では、冬眠用の洞窟の発見が主要な報告内容になったものも出版されていた。

でも私には、「あのコウモリたちは、あの洞窟で冬眠するのではないか」という、漠然とした予感があった。脳の中の、野生生物に関する知識や体験などが総動員されて、そう告げていたのだ。私は、キクガシラコウモリたちが、冬もその洞窟を使ってくれることを祈りながら準備をした。

その冬、鳥取は近年にない大雪だった。私は、年明けの一月、かろうじて除雪された道路を車で一時間ほど走り、その洞窟を訪ねたのだった。晴れわたった気持ちのよい午後だった。

洞窟に到達するには、膝を越える雪の中を、少なくとも一キロは歩かなければならないことはわかっていた。コウモリがいない可能性があることもわかっていた。

でも心はうきうきしていた。

なにせ、雪深い冬の洞窟である。

何が起こるかわからない。

それが自然だ。

そして、それが私だ……みたいな気分であった。

思ったより洞窟に近づいた場所まで除雪がされており、車を道路のわきに止め、私は歩きはじめた。

田んぼの間の道を通り、橋を渡り、川沿いの道を下り、その洞窟の入り口に着いた。長靴の中にかなり雪が入っていた。雪に当たってはね返る光がまぶしかった。

入り口に着いた私は、まず洞窟の外の温度と湿度を測った。

岩の表面が二・八度、倒木の表面が二・六度、湿度が三八パーセントだった。

さて、いよいよ入るぞ。

私は岩場に足をかけ（洞窟の入り口は、巨大な岩盤の中腹にあり、まずはそこまでのぼらなければならないのだ）、体を引き上げ、それを何度か繰り返して中に入った。中に入ると少し温度が穏やかになったのが肌で感じられた。湿度も高くなっているような気がした。

洞窟の天井は高くない。直立は無理だ。

腰をかがめ、赤色のセロファン膜で表面を覆ったライトで前方を照らし……めざすは、いつもコウモリたちがぶら下がっていた洞窟の奥のボトムホールだ。（ちなみに、ライトを〝赤いセロファン膜〟で覆ったのは、コウモリも含めた多くの哺乳類の目は赤色には鈍感で、警戒しないと言われているからだ。）

狭い洞窟内は、空気の質や流れ、闇の中の静寂と足元の音の響きなどが独特の感覚をつくり出し、**私の脳は、もう完全に洞窟探索モード**になっている。

ボトムホールに入ると、天井をゆっくりライトで照らしながら目を凝《こ》らす。

いた！

翼で体を包みこむようにして、ぶらーっと、（「ぶらーっと」という言葉は、冬眠するキクガシラコウモリのためにつくられた言葉ではないかと思えるくらい）ぶらーっと、天井からぶら下がっている。

やった！　いたぞ、いたぞ。

やっぱり、冬もいてくれたんだ。**さすが、私のコウモリたちよ！**みたいな気分である。

一般にキクガシラコウモリは、複数個体でかたまって冬眠することが知られているが、そのコウモリは一匹だけだった。少なくとも周囲五〇センチ内には、ほかのコウモリはいなかった。

これならまだいる可能性が高い。

私は興奮冷めやらぬ心と体にいっそうの力を入れて、暗闇の中を這いつくばるようにして、ボトムホールの天井およびそれに隣接する部分の天井をくまなく、一点の見落としもなく探していった。

すると、ボトムホールの最も奥の部分に、今度は二匹のキクガシラコウモリが、寄り添うようにしてぶら下がっていた。やはり、翼で体を包みこんでいる。

やっぱりまたいた！

洞窟の奥まで進むと、いた、いた。冬眠中のキクガシラコウモリが１匹、ぶらーっと天井からぶら下がっていた

このときも、もちろんうれしかった。うれしかったが、最初に見つけたときのうれしさとは、ちょっと味わいが違っていた。発見の喜びを、少しゆとりをもって感じることができた、と言えばよいのだろうか。

それからもまた、とりあえずは、全部の冬眠コウモリを確認しておこうと、ボトムホールを中心に、地面に這いつくばるようにして動きまわり、結局、全部で五匹のキクガシラコウモリを見つけた。

三個体は一匹だけでぶら下がり、あとの二匹は、先にお話ししたように、寄り添うようにしてぶら下がっていた。

洞窟の全部のコウモリを確認した私は、五匹のコウモリに近づき、光を当ててもまったく動

やっぱりまたいた。今度は2匹のキクガシラコウモリが、
寄り添うようにぶら下がっていた。翼で体を包みこんでいる

かないのを確認し、その日はそれで帰ることにした。体中が、快い筋肉痛を感じていた。

喜びのあまり長居をしすぎると、ひょっとしたらコウモリがどこかへ行ってしまうかもしれない。

事前の下調べで、冬眠中でも、目を覚まして移動することがあるのを、私はちゃんと知っていたのだ。

ここだけの話だが、私くらいの研究者になると、たえずさまざまな状況を想定して、用意周到に、抜かりなく行動しているのである。

その日、キクガシラコウモリ以外で見た動物は、カマドウマだった。コオロギみたいな昆虫だ。

第1次冬季コウモリ洞窟調査探検で、コウモリのほかに見た生き物は、カマドウマ。何十匹もが寄り集まっていた。こうやって冬を越すのだろう

通路やボトムホールの天井のくぼみに、何十匹というカマドウマが寄り集まっていた。彼らもそうやって冬を越すのだろう。

洞窟内の湿度と温度だけはどうしても知りたかったので、じっくりと測定した。ボトムホールの天井と床の岩の温度はいずれも八・三度、湿度は八五パーセント、洞窟の出口（入り口）とボトムホールの中間あたりの通路の天井が五・七度、湿度が七七パーセントであった。

奥になるほど温度も湿度も高くなり、その奥の、床から比較的高くなっている天井の部分を選んで、五個体とも冬眠していたわけか。

強度の低温や乾燥を避け、捕食者からの防衛も考えて（あとでお話しするが、その洞窟にはイタチが入ってきた跡もあったのだ）、よい場所を選んでいるわけだ。

なるほどねー。大変だねー。頑張るねー。頑張れよー。

そんな言葉を心の中でつぶやきながら、私は洞窟をあとにし、このようにして、隊員約一名からなる「第一次冬季コウモリ洞窟調査探検」は終わったのだった。

ちなみに、〝第一次〟ということは、もちろん、第二次、第三次……もあるということだ。

その後、二週間おきくらいで四回ほど調査は行なわれた。

一度は、夜九時ごろから行なわれた。

二回目以降は、一回目では見過ごしていたものも含め、新たにいろいろなものに出合った。たとえば、スズメバチの巣である。

写真を見ていただきたい。

直径二〇センチくらいだろうか。それはそれは美しい模様のコガタスズメバチのものと思われる巣が、洞窟を入ってすぐの天井につくられていたのである。

「洞窟の暗闇に浮かぶ月」みたいなものである。

（ちなみに、巣づくりと子育ては一年で終える仕事なので、巣の中には、もうハチはいなかった。）

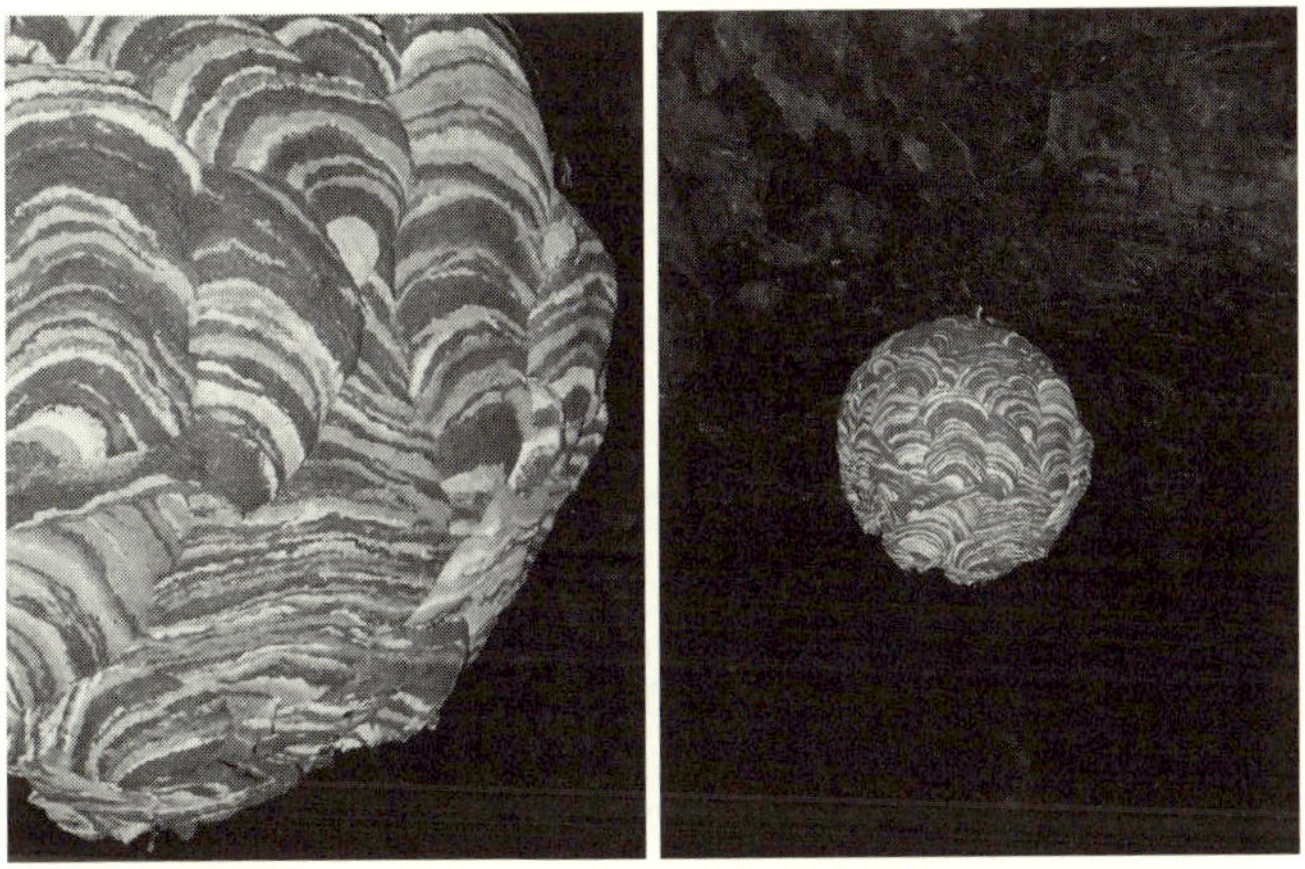

洞窟の入り口の天井にあったスズメバチの巣。まるで暗闇に浮かぶ月だ。
鱗状の模様がどうやってできるか、私は小学校高学年の夏休みの自由研究で発見した

よい機会だからお伝えしておきたいのだが、〝月面〟の鱗状《うろこ》の模様は、ハチたちの一回一回の作業がつくり出す見事な、いわゆる自然のデザインなのである。

一枚一枚の〝鱗〟は、さまざまな色調の茶色と白色の〝弧〟が交互に積み重なってできた、とても味わい深い作品である。

読者のみなさんは、どのようにしてこのような作品がつくられるのかご存じだろうか。

あるいは、この〝鱗〟の素材がなんであるかご存じだろうか。

そして、なぜ、このように縞々《しましま》になるのかご存じだろうか。

私はそれらの理由を、小学校高学年のときに行なった〝夏休みの自由研究〟で発見していた。

ちなみに、そのころの私はとにかく動物に夢中だった。**動物しか見えず、いわば「存在するものの約九〇パーセントは動物」**といったような世界に棲んでいた。

そして**その夏、小林少年は、「セグロアシナガバチの巣づくり行動」の研究**をしていた。誰に指導されたわけでもない。私一人で、考え、調べ、実験していたのだ。

あー、セグロアシナガバチの巣づくり行動に真正面から挑み（だから、何回も刺された）、研究に邁進する小林少年の、りりしい（野生児のような）姿が目に浮かぶ。

今もあまり変わっていないのだが（トホホ……）。

山間の、自宅の横にあった蔵に巣をつくりはじめたセグロアシナガバチたちが、少しずつ巣をつくっていく場面にいたく感動した私は、彼らがどこへ行って、何を持ってきて、巣をつくっていくのか知りたくなったのだ。

だから、彼らが巣を飛び立ったあとをついていき、何度も失敗したあと、まさに、彼らが巣材を調達するその現場を目撃したのだ。

余談になるが、そんな小林少年の一連の活動の中で、今でも、これは**まだ誰もやったことがない実験**ではないかと思っているものが一つある。

それは、**「巣にいるセグロアシナガバチがいちばんあわてる音は何か」**という実験である。なぜそんな実験をやったのかは覚えていないが、おそらく、巣の近くで巣づくりを観察していて、顔か頭を刺された私が、ハチたちを驚かしてやろうと思ってやったのだろう。

セグロアシナガバチが大変驚いた音、それは、別の種類のハチたち（確かマルハナバチだったと思う）の羽音だったのだ。ラジカセで録音したその音を音量を上げて聞かせると、巣のハチたちに緊張が走り、ほとんどのハチがもう飛び立たんばかりの様子で、その音源のほうに身を乗り出したのだ。

さて、ハチの巣の素材であるが、私が最後まで追跡できたハチは、巣から数百メートルくらい離れたところにあった枯れ木にとまり、その表面（つまり枯れた木の木質繊維）をかじりはじめた。そして、口から出す液と一緒に固めて団子にし、口にくわえて巣に持ち帰った。

小林少年は、また、そのハチのあとをついて巣にもどり、その団子がどのように使われるのかを、**じーっと、じーっと、じーっと見つめた。**

ハチは、団子をくわえたまま、口を左右に動かし、団子を薄く広げ、六角形の巣室の壁を広げたり、それを囲うように、写真の鱗のような外側の〝覆い〟をつくっていくのである。そして、運んできた材料を使いきったら、また、材料をとりに巣から飛び立っていった。

小林少年は？

もちろん、小林少年も、元気にハチのあとを追って飛び出していくのである。

では、鱗の縞模様はどうしてできるのか？

それは、ハチが枯れ木から巣材をかじりとるのを何回も見ていたらわかってきた。

ハチは、同じ枯れ木などから巣材を何回か集めるのだが、枯れ木の組織は、表面は茶色のことが多いのだが、奥になると白っぽい材になっていることが多い。

だから、最初に集める巣材は茶色で、何回か通っているうちに、組織の奥をかじりとるようになり、巣材の色は白っぽくなるのだ。そして、そのような連続した巣材の積み重ねが、縞模様の鱗をつくり出すことになる。

ところで、冒頭でお話しした、「コウモリたちがぶら下がっている場所の下には、彼らが排出した糞や、食事中に落ちたと思われる餌のかけら（たとえば、コガタスズメバチの頭部だとか、ウスバカゲロウの翅など）が積もっており……」という内容は、何を意味しているのだろうか。

キクガシラコウモリは、コガタスズメバチが、洞窟の入り口に巣をつくっている春や夏に、そのハチたちをとらえて、ボトムホールまで運んできて、そこでゆっくり食べたということだろうか。

キクガシラコウモリは、コガタスズメバチに刺されることなく、捕獲して食べる技をもっているということだろうか。実は、顔や体、そこらじゅう刺されていたりして……。

二つ目の、洞窟内で出合った動物は、アカネズミとイタチであった。

私が洞窟の入り口より少し奥を移動していたとき、**視野の中でかすかに、何かが動いた！**

ライトを向けた先に浮かび上がったのはアカネズミだった。

　これまで、アカネズミには、さまざまな場面で出合っていたが、洞窟の中でお目にかかったのははじめてだった。アカネズミも驚いたのだろう。一瞬立ちどまってこちらを向き、少し見合ったあと、出口のほうへ走っていった。

　洞窟とアカネズミ……ちょっとミスマッチのような気もするが、このような山中の小さな洞窟なら、アカネズミが利用することがあるということだろう。たまたま入り口あたりにちょっと入ってみただけかもしれない。でも、なんとなく私は、**「あなたのお住まいにおじゃましてすいません」**という気持ちになった。

　イタチのほうは、実物ではなく糞であった。糞が、洞窟の入り口より少し奥に落ちていた。

洞窟の入り口より少し奥にあったイタチの糞。ここは川や田んぼが見わたせて気持ちよく用が足せる場所だったのかも

糞の状態から、そのイタチは、その場所をちょくちょくトイレのように利用していること、そして、少なくとも一カ月以内に利用したことが読みとれた。（一カ月以上たつと、糞の表面がボロボロしてくる。）

イタチの糞の中には、種類まではわからなかったが、甲虫の外殻がたくさん含まれていた。洞窟のこの場所は、前方に広がる川や田んぼがよく見わたせて、用を足すには気持ちのよい場所だったのかもしれない。

一方、コウモリたちにしてみると、洞窟の中に捕食者になりうるイタチが侵入するのは、物騒なことである。洞窟の奥のボトムホールまでは侵入しないのかもしれないが、そんな場合がないとも限らない。

コウモリが、冬眠場所に天井の高いところを選ぶのも、捕食者対策なのかもしれない。

さて、ボトムホールの東側の壁ぎわは、床が掘れたように落ちこみ、そこに水がたまって、深い池ができている。**小さな小さな小さな地底湖である。**水は地下から湧いたものであり、とても澄んでいる。

そのミニ地底湖は、洞窟の東側の壁に沿って洞窟の入り口まで続いており、入り口では、深く切れこんだ岩場の下にかろうじて水が見える。

以前私は、入り口に近いミニ地底湖の浅瀬で、体全体が白っぽく、体がとても柔らかいアカハライモリを一匹発見したことがあった。

夢中で採集して、大学に持ち帰ったが、残念ながら数年後に死んでしまった。通常のアカハライモリが地底湖で長い間暮らしていて、その環境の中で体の色などが変化したのか、ひょっとすると遺伝的に通常のアカハライモリとは異なっていたのかもしれない。

その後、その洞窟を訪れたときは、ミニ地底湖にアカハライモリの姿を探すのだが、見かけることはなかった。


さて、冬眠コウモリの調査をしていたときであった。ボトムホールのミニ地底湖のほうから何か音がした。しーんと静まりかえった洞窟の中である。私がその音を聞き逃すはずはない。

ヘッドライトをミニ地底湖のほうに向けた、その先に、**水の中をかなり大きな影が動くのを私は見た。**

心臓がドキッとした。

もちろん、私は、ミニ地底湖のほうへと、ボトムホールの斜面を下りていった。

もう一度、状況を説明させていただきたい。

外は、もう暗い時刻である。

人は、私以外には誰もいない。

雪が降り積もった、人里離れた山中のコウモリ洞窟の奥、漆黒の闇の底に広がる地底湖である。（ちょっと言いすぎました。でも実際、そんな感じである。）

読者の方は、そんな状況を経験されたことはおありだろうか？

そんな状況では、**「もう何が出てきてもおかしくない」「何が起きてもおかしくない」**、そんな気分にもなるのである。

そんな状況で、〝水の中を動く大きな影〟である。

私は、実は、多少怖かったのだが、そこは探究心に燃えた研究者の鑑《かがみ》のような人格者である。

「見たこともないような生物だったらどうしよう」

「記者会見みたいなことになるのだろうか」

「そこでは何としゃべったらいいのだろうか」

……などと思いながら、斜面を、なるべく音を立てないように、滑り台を滑るような格好で下りていったのである。

地底湖のほとりに立った私は、ヘッドライトで水中を丁寧に照らしていった。

緊張の時間である。

水は限りなく透明で、一メートル以上の深い場所でも、底がきれいに見えたのだ。三〇分くらい探しただろうか。しかし、〝水の中を動く大きな影〟の正体らしきものを見つけることはできなかった。

では**しかたない。水に入るしかない。**

私は長靴と靴下を脱ぎ、ズボンの裾をまくり上げて、水に入る用意を始めた。でも、一抹の迷いがないわけでもなかった。

繰り返すが、「雪が降り積もった、人里離れた山中のコウモリ洞窟の奥、漆黒の闇の底に広がる地底湖である」。そんな地底湖の水の中に入っていって大丈夫だろうか。**もし、未知の生物が突然、足を襲ってきたらどうしよう。**わけのわからない器官をもっていて、わけのわからない攻撃方法で襲われたら、さすがの私でもすぐには対抗できないかもしれない。

しかし、私の、科学者としての脳と、野生児のような子どもの脳が言うのである。

「大丈夫。行くっきゃないでしょ。行きたい――!!!!」と。

実際、私が自然に魅せられている理由の一つは、こういった〝未知〟や〝驚き〟との遭遇やその予感である。

水は思ったより温かかった。

当然だろう。冬でも地下水は温かいのだ。

水中を照らしながらゆっくり歩き、水底の石を一枚一枚はがしながら進んでいった。

直径三〇センチくらいの大きな石をはがしたときだった。

いた!!!!

石の下に青白く見える、明らかに生物と思われるものが、動かずに、じっと身を潜めているではないか。

水ぎわの、比較的浅い場所である。

次の瞬間、**私は、ある種の落胆と緊張を感じた。**

〝落胆〟というのは、その生物がカエルであることがわかったからである。(世の中にまったく知られていないような驚愕の動物ではなかったのである。)

一方、〝緊張感〟というのは、そのカエルが、私が今まで見たこともない外見のカエルで、かなり大きかったのである。一〇センチくらいには見えた。（〝一〇センチ〟と聞いて、笑ってはいけない。一〇センチと言えば、カエルの中ではかなり大きいのだ。大型のトノサマガエルより大きい。ただし、あとで陸で見てみたら、一〇センチよりはもう少し小さかったが。）

これまでまったく知られていない、洞窟性のカエルだったらどうしよう。**やっぱり記者会見かもしれない。**記者会見では、なんとしゃべったらいいだろうか。謙虚に「いやいや、まったく大したことなどありませんよ。ちょっとした運と科学者としての才能と人間としての勇気と品格があっただけですよ」みたいなことを言えばよいではないか。

そしてこうも言わなければならないだろう。**「この発見は、まったくの第一歩ですから。**これからこのカエルについて、行動や生態をしっかり調べていくのが私の使命ですから。そしてなにより、このカエルの生息地を含めた保全に全力で努力していかなければならないと思っています。動物行動学者として当然のことです」

私は、カエルに動く気配がないのを確認して、腰のポシェットからカメラを取り出し、水中のカエルの写真を撮った。

その決定的瞬間が次ページの写真である。

…………。

読者のみなさんからの、大変不満そうな声が聞こえるような気がする。

「青白く見える、生物？　どこが！」

「まったく知られていない洞窟性のカエル？　どこが！」……みたいな。

カエルの姿がもっとはっきり見える写真はないのか、と思われる方もおられるかもしれない。その点については、あとでご説明するとして……この写真をばかにしてはいけない。

確かに、写真としては不鮮明な写真だ。（水の外から撮った写真なのでしかたがない。）

体の大きさがわからないのも致命的だ。でも、ほんとうに、けっこう大きなカエルだったのである。

そしてなにより、今まで私が（この博学にして創造

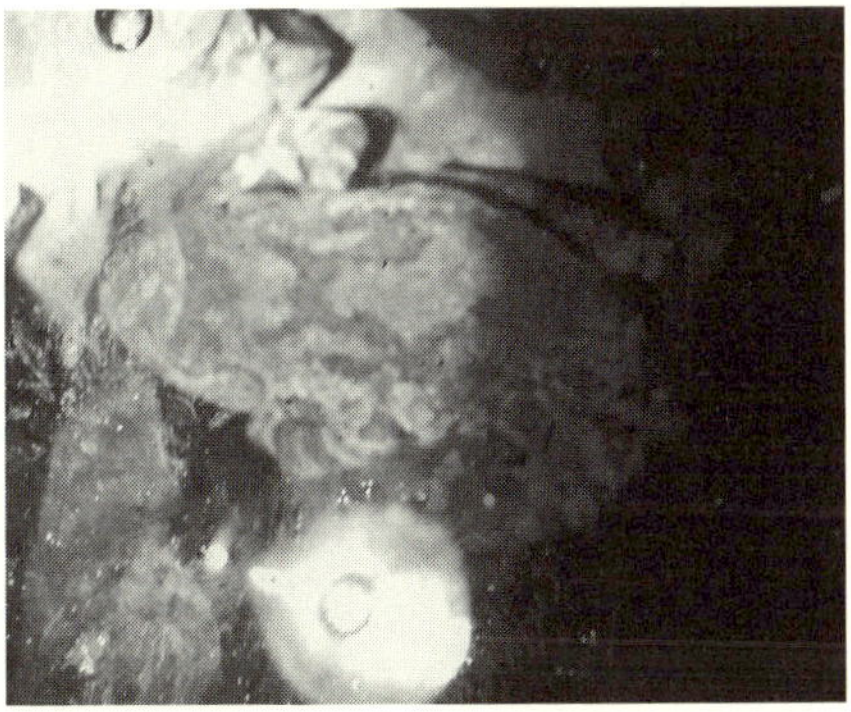

漆黒の闇の底に広がる地底湖にいたものは……
私が今まで見たことのない、青白い大きなカエルだった。
これは世紀の大発見か！

性にあふれ、人物良好な、この私が、である)、一度も見たことがないカエルだったことは確かだ。

それに、撮った場所が、「雪が降り積もった、人里離れた山中のコウモリ洞窟の奥、漆黒の闇の底に広がる地底湖」である。そんなところで、みなさんは、写真が撮れますか? 写真が撮れたこと自体、すばらしいと思わなければならないのである。

さて、この写真を撮ったあと、私は、慎重に慎重に、その上にも慎重に、両手を両側から近づけていき、カエルを両手で包みこむようにして捕獲した。

死んでも逃さない、という私の強い意志の前には、どんな動物も、逃れることは、まず、できない。

こうして私は、カエルをとらえ、それを持ったまま(靴下も長靴もはかず)、洞窟の斜面を必死の思いで這って、〝高台〟までのぼったのである。もちろん、カエルをじっくり見るために。

繰り返すが、私が未だ見たことがないカエルである。

大きな発見かもしれない。

期待に胸がふくらんだ。

ところがである。次の瞬間、またまた、信じられない出来事が起きたのである。

〝高台〟で、カエルを地面に下ろし（カエルはじっとして動こうとはしない。寒さで、動く意志をなくしているのだろう、と私は思った）、記録用のノートをザックから出そうとしたときである。

頭につけていたヘッドライトが頭からズルッと滑って地面に落ちた。

落ちたひょうしにスイッチが動いたらしく、光が消えた。

私はあわてて、手探りでライトを拾い、スイッチをつけ、カエルを置いた場所を照らした。

しかし、**そこに、カエルの姿はなかった。**

地面の石が、水で濡れていた。

私は、急いで周囲を探しはじめた。（記者会見がかかっている。）いずれにしろ動きは鈍いはずだから、そんなに遠くへは行っていないだろう。

そう言い聞かせながら、地面を這いまわるようにして、必死でカエルを探した。

探して探して、探して探して、探して探して、洞窟の中を探しまわった。

でもほんとうに、不思議である。**カエルは忽然と姿を消したのである。**忽然と。

こんなことがあるのだろうか。こんなことがあるはずがない。

私は、ほんとうに今起こっていることが信じられない気持ちだった。

私は疲れはてて洞窟の床にへたりこんだ。

すべてが夢のようにも思えた。

なにせ、そこは、「雪が降り積もった、人里離れた山中のコウモリ洞窟の奥、漆黒の闇の底に広がる地底湖」のそばである。


何が起きてもおかしくない気がした。


それからしばらくして、私は、その日予定していた作業をやめにして、荷物をまとめ、帰路についた。

洞窟の外に出ると、そこは月明かりが雪に反射し、とてもとても寒かった。その雪の中を、重い足どりで車まで歩いたのだった。

車の中で私は、ずっと地底湖のカエルのことを考えていた。というか、カエルのことが頭から離れなかったのだ。

なんとも悔しい、なんとも寂しい気持ちがある一方で、あんなことが（つまり、カエルが忽然と消えたことが）どうしてありえるのだろうか、というなんとも奇妙な気持ちも感じていた。

でもよく考えたら、カエルも、いくら寒いとはいっても、必死で逃げたら、ライトが消えている間に、〝忽然と〟姿を消すくらいに、遠くへ行くことは可能だろう。そして、私が探すことができなかった場所へ行くことだってありえるだろうという、素直な気持ちになってきた。

やがて車が家に到着するころになって、私の頭の中に、**カエルの素性について一つの考えが浮かんできた。**


「あれは、洞窟の前の川で、夏、さかんに鳴いていたカジカガエルの雌ではなかったか」


夏、美しく、少し物悲しくも聞こえる声で鳴くのは（カジカガエルの）雄である。その声は、雌へのラブコールであり、私は、その声で鳴く雄を何度も見たり、捕獲したりして、よく知っていた。美しい鳴き声とは対照的に、体形が扁平で、黒っぽい灰色の、あまり大きくない、目立たなーいカエルである。

そしてよく考えたら、私はカジカガエルの雌を見たことがなかった。

カエルの中では、雄より雌のほうがずっと大きい種類はたくさんいる。モリアオガエルもシユレーゲルアオガエルもツチガエルもそうである。

「ひょっとしたらカジカガエルも雌のほうが雄よりずっと大きく、私が見たのは、その雌なのかもしれない。カジカガエルの雌は、川から上がって、山ぎわの水場で冬眠するのかもしれない（それがたまたま洞窟の中だったのかもしれない）」という考えが浮かんできたのである。

そういえば、大きさこそ違え、雄のカジカガエルに感じが似ていると言えば言えるかもしれない。私が見たことがなかったカエルであったこととも合致する。

私は家に着くと、自分の部屋に駆けこみ、事典を調べた。

カジカガエルの雌は、雄よりもずっと大きいと書いてあった。（体長、雄三〜四・五センチ、雌五〜八・五センチ。）そして、事典に掲載されている写真の雌は、体色や体の感じが地底湖のカエルと似ている気がしたのだ。

もちろん、確定はできない。でも、その可能性がとても高いということで、私の脳はとりあえずは落ち着いたのだった。その夜は、ぐっすり眠れた。

では、そろそろ、本題の「コウモリ」にもどろう。

先にもお話ししたように、ボトムホールで冬眠中のキクガシラコウモリは、翼で体をほぼ完全に覆っていた。そして、その翼の表面の温度は、八・六度であった。八・六度というのは、ボトムホールの天井や床の岩の温度と、ほとんど変わらない温度である。また、翼に覆われた体の表面の体毛の温度は八・九度であった。(レーザー光を照射する体温計で、閉じられた翼の隙間から内側の体毛に光をあてて計ったのだ。)翼の表面とほとんど変わらない。

つまり冬眠中のキクガシラコウモリは、少なくとも体の表面は、外気と同じ温度になっているということである。

ただし、その時期の洞窟の外の温度は二~三度である。洞窟の入り口は五~六度である。つまり、キクガシラコウモリは、洞窟の奥という、外より高い温度の場所を選ぶことによって、体温がひどく下がらないようにしていると考えることができる。

湿度についても同じである。外の三十数パーセントという乾燥した状況を避け、八十数パーセントという湿った環境を選ぶことにより、自分の体から水分が失われていくのを避けているのである。

ところで、冬眠中のキクガシラコウモリたちは、洞窟の天井にぶら下がって、その場所からまったく動かないのだろうか。それとも、たまには少し動いたりして、位置を変えることもあるのだろうか。

　それを調べるために私は、コウモリたちの足元に色スプレーを吹きかけて、その後の様子を観察してみた。

　ちなみに、コウモリは、後ろ足の爪を、天井のわずかな裂け目に引っかけてぶら下がっている。そして、色スプレーは、コウモリがぶら下がっていた、まさにその爪のまわりの岩も着色するので、もしコウモリが少しでも動いていれば、すぐわかるのだ。

　その結果わかったことは、**「冬眠中のキクガシラコウモリは、ぶら下がった場所を、まったく変えない」**ということであった。

　しかし、ぶら下がる位置は変えないが、ぶら下がる洞窟そのものを変える、つまり**洞窟の引っ越しは行なう**ことが、私の地道な調査（ウソである。ほんの数カ月の、時々の観察である）からわかってきた。

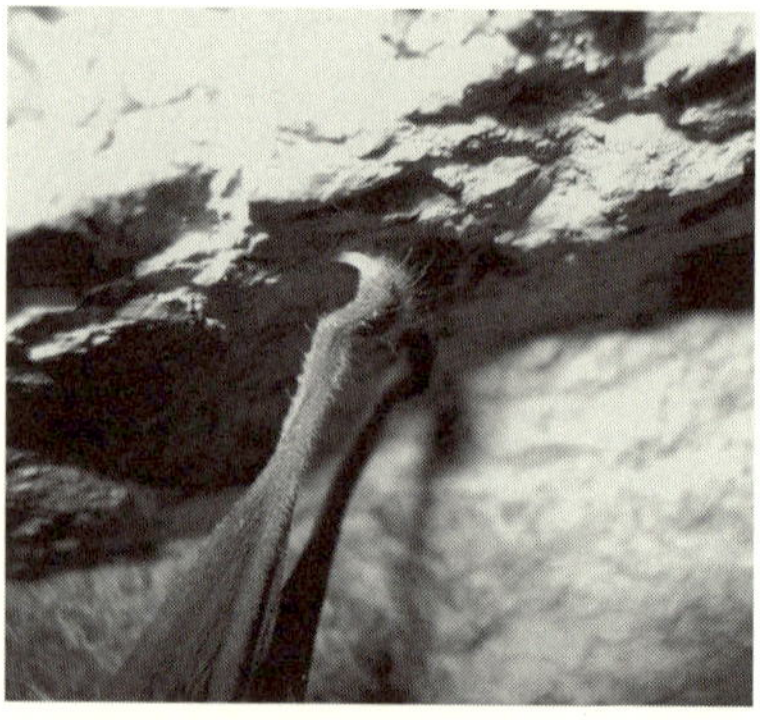

キクガシラコウモリは、後ろ足の爪を天井のわずかな裂け目に引っかけてぶら下がる

そして、一冬の間での洞窟の引っ越しは、キクガシラコウモリ以外のコウモリもやっていることがわかってきたのである。

つまり、二月になって、次のようなことが起こったのである。

それまでボトムホールにぶら下がっていた五匹のキクガシラコウモリのうちの一匹が姿を消し、〝別な種類のコウモリ〟が二匹、ボトムホールに現われたのだ。

その〝別な種類のコウモリ〟たちであるが、彼らは、冬眠の姿勢がキクガシラコウモリとは異なっていた。

キクガシラコウモリは、後ろ足の爪を天井の岩にかけ、完全に体をぶら下げ、翼で体を覆っていた。

ところが、〝別な種類のコウモリ〟たちは、ボトムホールの天井の角に後ろ足の爪をかけ、体を垂直な壁にもたれかけるようにし、翼で体を覆うことも行なっ

コウモリの足元に色スプレーをかけて、
冬の間じゅう、移動しないのかどうかを調べた

ていなかったのである。（次ページの写真を見ていただきたい。）

さらに、彼らのうちの一匹は、目を三分の一ほど開けており、その目の状態は、私が観察している間、最初から最後まで変わることはなかった。つまりそのコウモリは、どうも、目を開けて冬眠することもあるらしいのだ。

もちろん、彼らは、キクガシラコウモリとは顔もかなり異なっていた。そもそも、彼ら自体、互いに顔が異なっていた。耳の形も異なっていた。

さて、この新しい二匹のコウモリの種類であるが、撮った写真を、前述の（コウモリのことに詳しい学生の）Ｉgさんに見せたりして出した結論は、体が大きく、目を少し開けているほうのコウモリは「ユビナガコウモリ」、体が小さいほうの、顔がゴリラに似ていなくもないコウモリは「モモジロコウモリ」ということになった。

事典によれば、このように、一つの洞窟の中に、キクガシラコウモリやユビナガコウモリ、モモジロコウモリが混成して、冬眠をすることもあるのだそうだ。

いや、大変勉強になった。

これまで何度も触れあってきたアブラコウモリ（イエコウモリ）に加え、『先生、巨大コウモリが廊下を飛んでいます！』のオヒキコウモリ、そして今回のキクガシラコウモリ、ユビナガコウモリ、モモジロコウモリとじかに知り合いになり、**もう気分はすっかり、コウモリの専門家**である。

これらのコウモリたちの顔も、おそらく、もう忘れることはないだろう。冬眠中の姿勢や、混成で冬眠する場合があることや、冬眠期間であっても洞窟を引っ越しすることも。

知識が冬のことばっかりに偏っていたりして……。

そうこうしているうちに、冬も終わりに近づ

洞窟には別な種類のコウモリもやって来た。キクガシラコウモリとはぶら下がり方が異なり、天井の角に後ろ足の爪をかけて、体を垂直な壁にもたれかけるようにする

き、私のコウモリ洞窟での探索もまた終わりを迎えた。

私は、このコウモリ洞窟とそこで出合う動物たちに、愛着と感謝の気持ちをもっている。この気持ちは、読者の方にもわかってもらえるのではないだろうか。

お金をかけてフランスまで旅行し、アルタミラの洞窟の壁画を見ることに勝るとも劣らない感動を、私は、大学の近くの山中の、小さな洞窟で体験している。そこに、人生の本質が隠されている、と言ったら言いすぎだろうか。

イワガニはなぜ頻繁に脱皮するのか

磯の動物たちの物語

私は、海岸が好きで、浜辺が好きだ。そして、磯も大好きだ。

目前には、広い広い海、視線を手前にひくと、岩にぶつかる波しぶき、その波が岩の間に流れこんでできる小さな湾、岩を乗り越えた海水が岩の窪地につくる潮だまり……。

水の流れが緩やかで水の底まで見わたせる岸では、春の産卵にやって来たウミウシがゆっくりと動きまわり、カムフラージュのために海藻を頭にくっつけたカニが、水面から顔を出したり引っこめたり忙しそうに動いている。

気持ちのいい日に、そういう動物たちを目にすると、何か、**親愛の思いをこめて挨拶をしたくなる**のが人情というものだ。だから私は、声をかけるのだ。**「ご苦労さん！」**と。

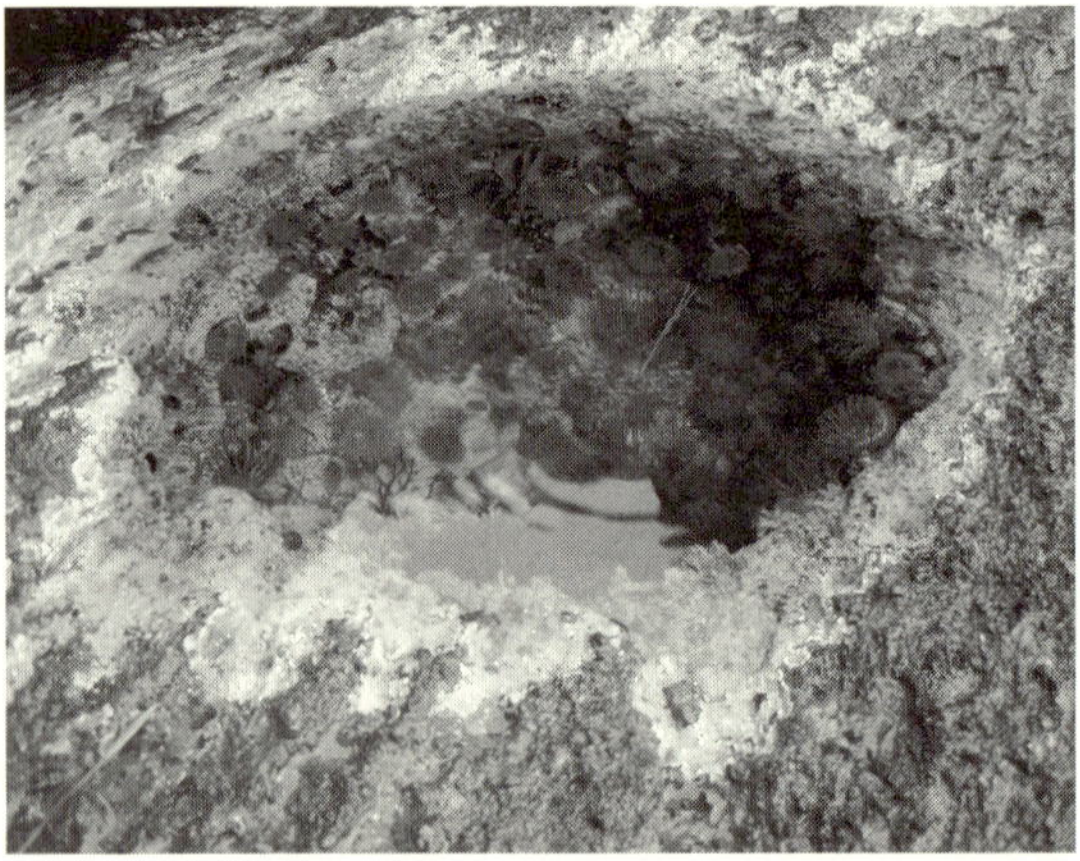

岩を乗り越えた海水が岩の窪地につくる潮だまり。
よく見ると、中にはいろいろな生き物がいる

海岸には、春の産卵にやって来たウミウシ（下右）や、海藻でカムフラージュしたカニ（下左）たちがいる。いつまで見ていても見あきることがない

さて、私が、フィールドにしている磯は、鳥取市の鳥取砂丘から東へ車で五分ほど走ったところにある、岩戸《いわど》海岸である。

左手に海を見ながら車で走ると、前方に岩戸漁港の漁船や防波堤が見えてくる。防波堤の手前に車を止め、その防波堤の付け根の岩を登ると、その向こうに、私にとってはよだれが出るような魅力的な磯の光景が飛びこんでくる。

この磯で私は、いろいろな幸《さち》をもらってきた。

それは、学生の卒業研究の調査地であったり、学生の実習に使うヤドカリであったり、プロジェクト研究という授業の材料であったり、そして、なにより、私の純粋な観察の楽しみであったりした。


まずは、プロジェクト研究での利用の話から始めたい。

ちなみに、プロジェクト研究というのは（これまでの〝先生！〟シリーズで何回か書いたので、読まれたことがある方は、もう知ってるよ、と言われるかもしれないが）、教員がそれぞれ、独自の課題をかかげ、その課題に興味をもった学生が集まって（人数を超えると抽選があるけれど）、数カ月、教員の指導のもとに研究をしていく授業である。

毎年、同じ課題をあげる先生もいるが、私は、自分がやってみたい課題がたくさんあるので、大学創立から一一年間、毎年、いつも新しい課題をかかげてきた。一年に三つのテーマを出すので、合計して三三個の課題に取り組んできたことになる。そして、二年前、岩戸海岸の磯に力を借りて行なったプロジェクト研究の課題は、**「海の生き物から一種類選んでその動物の専門家になろう」**であった。

集まった四人の二年生に、それぞれ自分が好きな海の動物（植物でもいいのだが）を選んでもらい、その動物について何かテーマを決め、数カ月間（基本的には週に一回だけど）問題解決に向けて取り組んでもらったのである。

ちなみに、簡単に「テーマを決め、……」と言ったが、実はこれがなかなか難しい。いわゆる、問題発見能力といってもよいかもしれないが、自分が選んだ動物のことをよく知らなければ、その動物を対象にしたテーマは見つからないのである。だから、最初はそれぞれの動物を、磯や研究室で観察し、私とあれやこれや相談しながら、決めていくのである。

「自分でテーマを決める」という作業はとても大切な体験だと私は常々思っているので、考えに考え抜いてそういうプログラムにしたのだ。

すばらしい。

率直に言って、「海の生き物から一種類選んでその動物の専門家になろう」という課題は、文句なしに、**私自身にとっても胸躍るタイトルだ。**私が大学生なら、もうわき目もふらずこの課題に飛びつき、両手両足でしがみつき、上下両歯でかじりついていただろう。

まー、教員の立場としてもとにかく、そういう課題にしておけば、なにより私が、日ごろから深くお近づきになりたいと思っている動物に、私も触れあうことができるのは確かである。

「海の生き物から一種類選んでその動物の専門家になろう」**……あー、いいなー。**

ちなみに、「海の生き物から一種類選んでその動物の専門家になろう」という課題を考えたきっかけの一つは、私のゼミの学生たちの部屋に、海産動物の水槽がやって来たことであった。転勤で大学を変わっていかれた先生が私に託された水槽で、その中には、クマノミやデバスズメダイをはじめとした魚たちや、いろいろな海産動物が暮らしていた。学生たちも巻きこんでの、それらの動物たちとのさまざまなドラマが、私の海の動物たちへの思いをいっそう熱くしたのである。（そのあたりのことが知りたい方は、『先生、キジがヤギに縄張り宣言しています！』を読んでいただきたい。）

さて、プロジェクト研究が始まり、まず最初の三回ほどは学生たちと一緒に岩戸の磯に行き、いろいろな動物を観察したり、つかまえたりした。魚釣りもした。生き物たちの活動が活発になる四月のことである。

学生の一人、Kさんは、対象の動物に、ウミウシを選んだ。(正確には、ウミウシ類の中のアメフラシという種類であるが、いろいろと私にも文章を書くうえでの都合があって、ウミウシで通させていただく。)

魚を釣っていたとき、針が体に引っかかって釣れた、いや、持ち上がってきただけの動物なのに、Kさんはそれに興味を示し研究することにしたのだ。(なんと安易な!)

テーマも、安易といえば安易で、「ウミウシはどんな種類の海藻を好み、その海藻をどのようにして見つけ出しているのか」だった。

海水をタンクに汲んで、海藻として、トサカノリ、コンブ、アオサ、テングサを採集して、Kさんのウミウシの飼育・観察が始まった。

しかし、飼育を始めてみると、いつものことながら、**Kさんよりはるかに熱い熱い視線をウミウシに向ける人間がいた。**私である。

いやーっ、ウミウシは面白いのである。

何が面白いって、頭が本物の牛の頭とよく似ており、**バリバリと海藻を豪快に食べ、**その後、

牛のように座って眠るのである。そしてなんと、**眠りながら（？）尻から大きな糞をする**のである。そして、その糞が体から出るところが、また面白いのである。

肛門のあたりが透けて見えるので、糞が出る前から、糞の様子がわかるのである。

おっ、糞が肛門に近づいて、……出るよ、出るよ、みたいな。

そして、体を離れた糞（糞は海藻と同じ色をしている。消化能力は、それほど高くないらしい）は、海水中をゆっくり上昇していって、海面に到達する。ほーっ。

そんなことが面白いんか、と読者の方は言われるかもしれない。それはまっとうな言い分だ。でも、しかし、それは一度、ウミウシが、バリバリ海藻を食べて、眠って（？）、糞をするところを見てから言ってもらいたいもんだ。

ある日、そのウミウシの水槽に、**濃い黄色のソーメンのようなものが現われた。**Kさんは、それを見て大変驚いた。もちろん私は驚かなかった。当然だ。私くらいの博学・冷静・品行方正な研究者は、それがなんであるかくらい軽く知っていたのである。

はっきり言って、それはウミウシの卵である。

そんな私を疑惑の目で見るKさんを納得させるために、私は、顕微鏡でそれをKさんに見せ

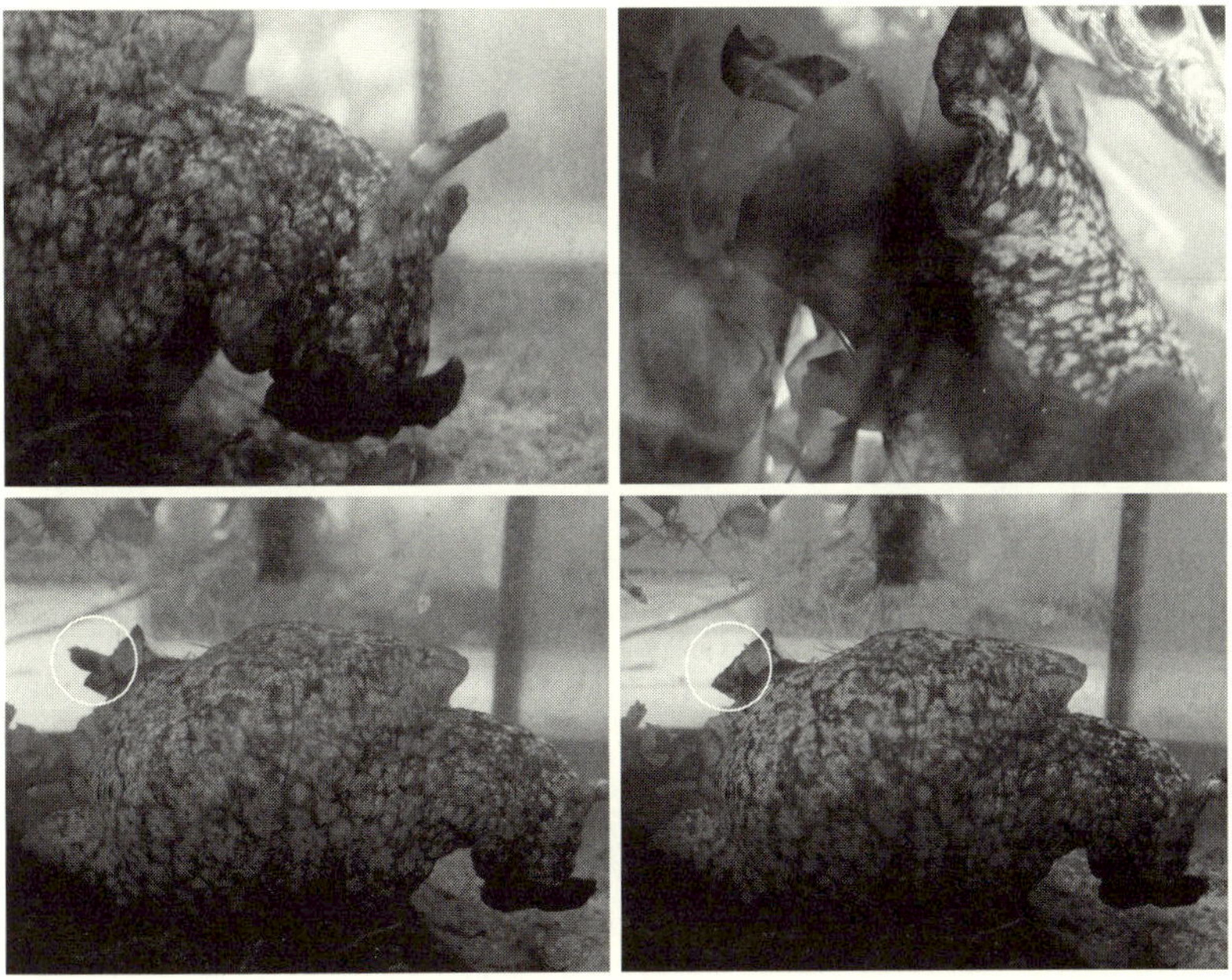

ウミウシはほんとうに面白い。バリバリと海藻を食べ（上）、その後、牛のように眠り、なんと眠りながら大きな糞をする（下）

た。

そこには、小さな粒がたくさん入っており、Kさんも、いたく感動して、私を尊敬の目で眺めたのだった（たぶん）。

冒頭でも触れたように、ウミウシは春になると、海の深いところから磯の浅瀬へ移動し、そこで産卵するのだ。

そんな楽しい出産計画を立てて、浅瀬へやって来ていたウミウシを、Kさんは、こともあろうに、魚釣りの針で！もう一度言おう、魚釣りの針で！引っかけて釣ってしまったのだ。

これは、言うなれば、豆腐を買いに来たお嬢さんに、カボチャを買わせてしまったようなものではないか。カボチャというより、牛肉と言ったほうがいいのかもしれない、この場合……。

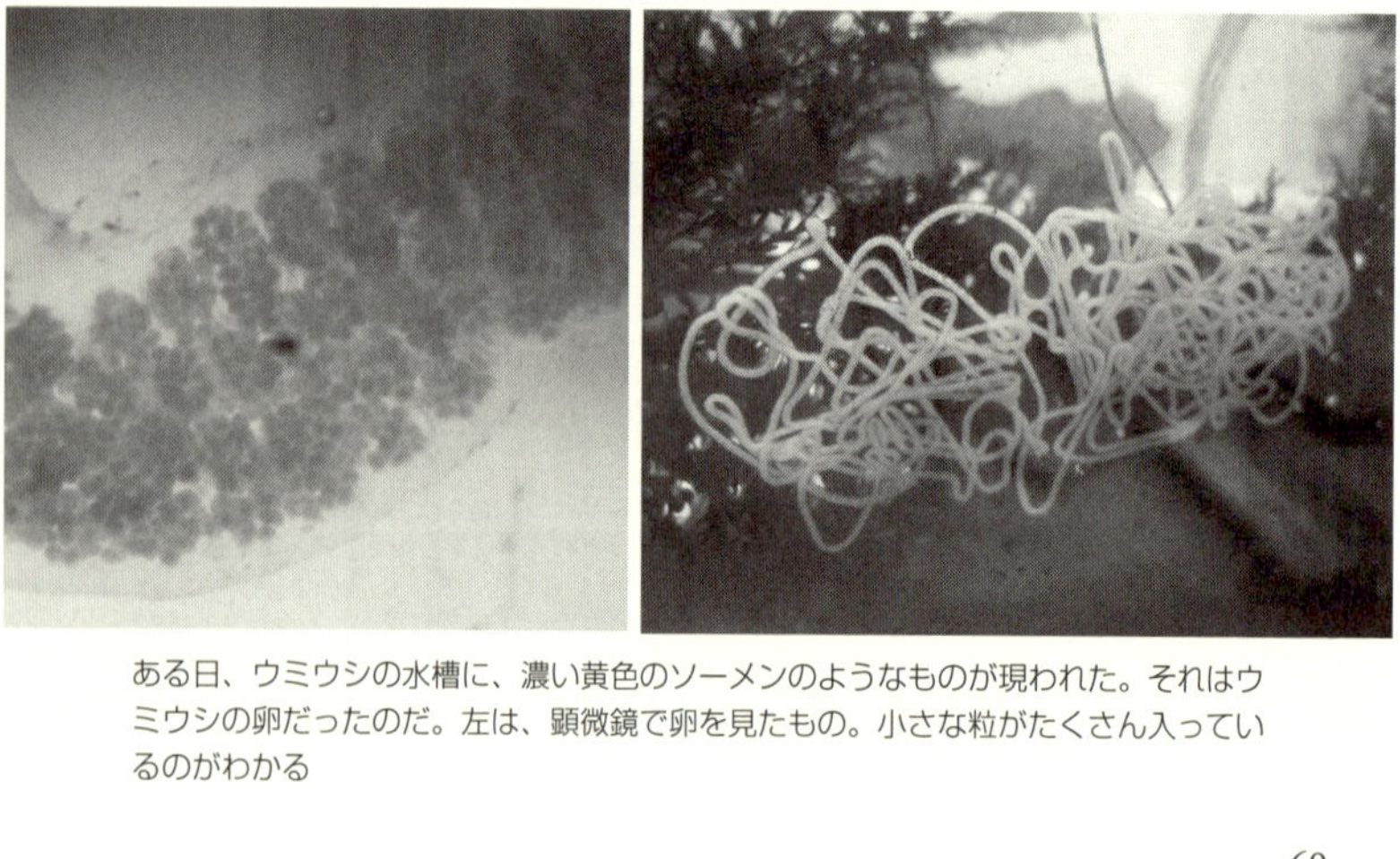

ある日、ウミウシの水槽に、濃い黄色のソーメンのようなものが現われた。それはウミウシの卵だったのだ。左は、顕微鏡で卵を見たもの。小さな粒がたくさん入っているのがわかる

そうそう、Kさんの実験についてである。

Kさんが選んだテーマは、先ほどもお話ししたように、「ウミウシはどんな種類の海藻を好み、その海藻をどのようにして見つけ出しているのか」だった。（さきほど、〝安易な決定〟と言ったが、これはこれでいいのである。飼育中のウミウシの行動を観察していて、Kさんの中に自然に湧いてきたテーマなのだから。このテーマは、ウミウシの生物学的な特性を知るうえで大事なことである。）

それを調べるために、Kさんは、次のような実験を行なった。

磯から採集してきたアオサとコンブ、トサカノリ、テングサを、海水から上げて、表面をティッシュペーパーで拭きとったのち、それぞれの重さを測った。そして、それをウミウシを飼育している水槽に入れ、三日後に、水槽に残った海藻をすべて引き上げ、最初と同じように表面をティッシュペーパーで拭きとり重さを測った。

その結果、アオサの重量は九九パーセント減っており、コンブの重量が五六パーセント、トサカノリの重量が二六パーセント、テングサの重量が一七パーセント、それぞれ減っていた。誤差はあるものの、減っていた重量をウミウシが食べたと見なすことができるので、この結果から、ウミウシはアオサをいちばん好むと考えることができた。

その結果を受けて、「ウミウシは、自分が食べたい海藻をどのようにして見つけ出しているのか」を調べるため、ウミウシに一日間餌を与えないで空腹にしておき、以下のような実験を行なった。

蓋に、千枚通しで格子状に小さな穴をたくさんあけた不透明なタッパーを二つ用意し、それぞれのタッパーに同重量のアオサとコンブを入れた。

次に、腹をすかせたウミウシの水槽に、まずウミウシを水槽から取り出しておいてから、海藻の入った二つのタッパーを一五センチほど離して並べて置き、その中間の延長線上に、ウミウシを放した。

腹がすいているウミウシは、貪欲に餌に向かって進んでいく。その様子をビデオで記録し、「海藻から出ていると考えられる、それぞれの海藻に特有な化学物質」に対するウミウシの反応を調べたのである。

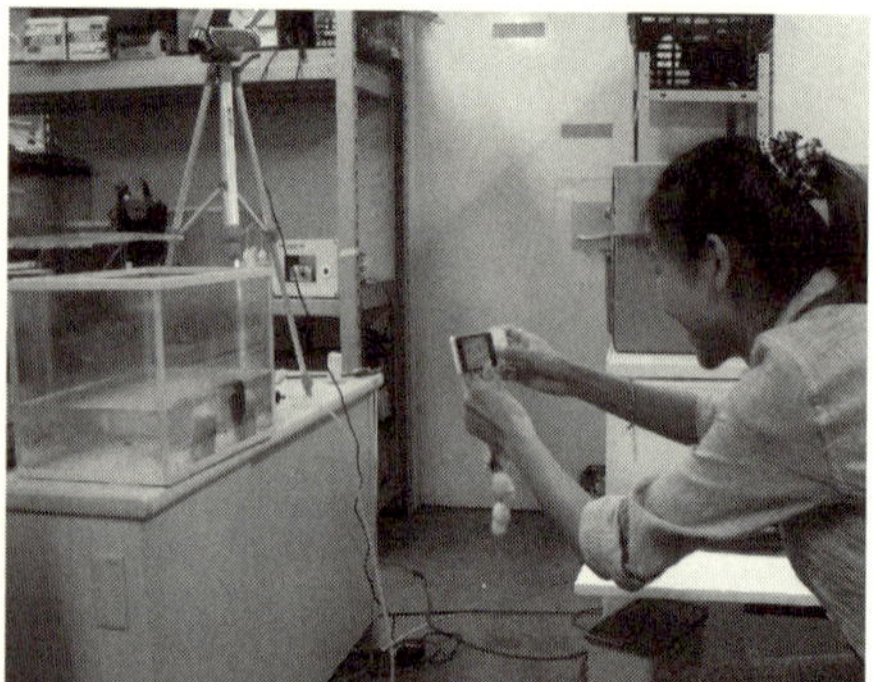

「ウミウシは、自分が食べたい海藻をどのようにして見つけ出しているのか」を実験するKさん

結果は明白だった。

ウミウシは、放された場所から、二つのタッパーめざして直進し、タッパーの手前になると、アオサのタッパーのほうへ、明確に舵《かじ》をとって進んでいった。そしてアオサのタッパーに到達すると、タッパーを包みこむように、タッパーに覆いかぶさっていった。

この結果を最初に見たKさんと私は、**思わず「おーっ」という声を発した。**

これらの結果は、ウミウシは、少なくとも海藻から放出される化学物質によって、自分の好きな海藻を見つけることができることを示していた。

もう一つだけ、Uくんが行なった実験についてお話ししよう。

Uくんは海が好きで、海釣りなどにもよく行った経

格子状に小さな穴をあけた不透明なタッパー2つに、アオサとコンブを入れ、腹をすかせたウミウシを水槽に入れる。と、ウミウシは迷わずアオサ入りのタッパーに進み、包みこむようにタッパーに覆いかぶさった

験があるという。

それだけに、海の動物についての知識も多く、研究対象をすぐにヒトデに決めた。

みんなで、岩戸海岸に行ったとき、堤防の下の岩にイトマキヒトデが数匹、へばりついているのを見つけて、心に期するものがあったのだろう。

Uくんは、イトマキヒトデと海藻と数種の貝を採集して、大学に帰った。

さて、イトマキヒトデを飼育室で飼いはじめたUくんであるが、**私も、イトマキヒトデのことが気になってしかたがない。**時々飼育室へ行っては、さすがに声をかけることはなかったが（イトマキヒトデに漂う雰囲気は、声をかけても答えてもらえないような気がしたのだ）、様子を見させてもらっていた。

ある日、ちょっとおじゃまをしに行って水槽の側面を見ると、**なんと、ヒトデがヨコエビを食べている**のである。

ヨコエビはおそらく、海藻にくっついていたものと思われる。

ちなみに、**ヒトデの口は腹面の中央にある。**そんなヒトデがなぜヨコエビを食べているのがわかったのかというと、そのヨコエビを水槽のガラスの表面に押しつけるようにして食べていたからである。

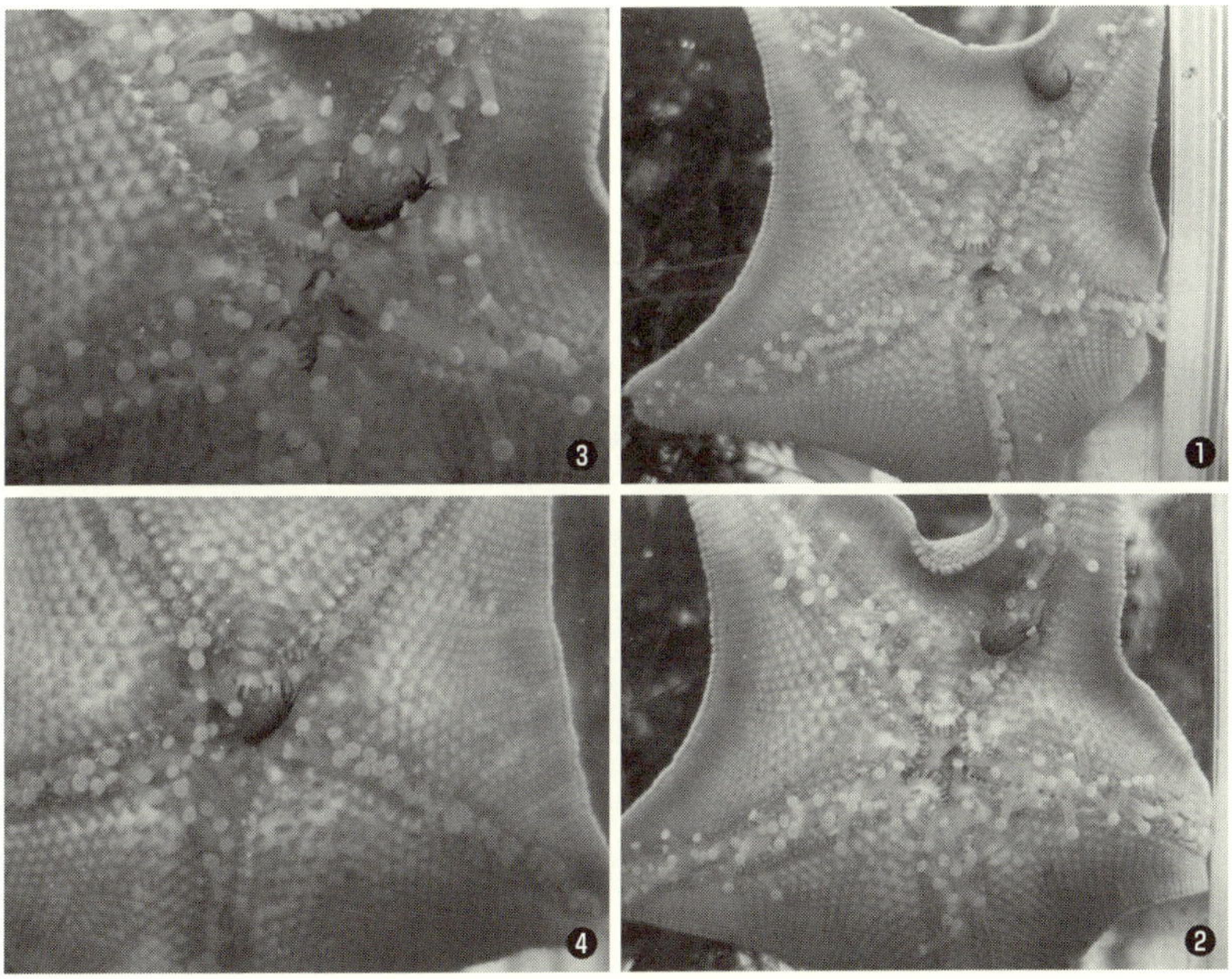

イトマキヒトデの食事。ヨコエビを管足でつかみ❶、管足を動かしながら少しずつ中央にある口のほうへ移動させていく❷❸。完全に口に入れるわけではなく、胃を体の外に出し、餌を体外で消化し、体液のみを吸収する❹

つまり、夜、室内で机に座って勉強をしていて、ふと窓ガラスを見ると、ヤモリが外側からガラスにへばりついていたようなものである。もっと言えば、ヤモリのお腹の中央部に口があって（ひぃえ～、きもい～）、そこで蛾を食べていたようなものである。後半の記述は真実ではないが（当たり前じゃ）、前半の記述部分のような感じで、ガラス越しにヒトデの腹側の様子を見ることができたのである。

ヒトデは、ヨコエビを水槽のガラスの表面に押さえるようにして管足《かんそく》でつかみ、かつ、管足を動かしながら、少しずつヨコエビを口のほうへ移動させていったのである。

ヒトデは底面に、五本の〝腕〟のそれぞれの中央線に沿って管足を出しており、五列の管足が集まる起点に口がある。

管足は、細くて長め、先端がふくらんだ突起であり、内部の水圧などを調節することにより自由に動かすことができる。管足によってつかまれた餌は、アリジゴクのすり鉢に落ちた虫のように、中央部の口に向かって少しずつ送られていき、最後は、口の中に落ちていく。

ただし、完全に口の中に入れてしまうわけではなく、**胃を体の外に出し、餌を体外で消化し、体液のみを吸収する。**そして、残った〝吸いカス〟は、また管足を使い、今度は先と逆に、口から〝腕〟の先端へと送り出していく。

イトマキヒトデが、ヨコエビを捕食する技はとてもすぐれており、見ていると、一〇分間ほどで三匹のヨコエビを次々にとらえ、口のところで体液を吸っている最中に、〝腕〟の先では、もう次のヨコエビを捕獲して管足で口へ送っている。

その結果、体液を吸いつくして〝吸いカス〟を口から〝腕〟のほうへ送りはじめたとき、次のヨコエビを、胃で消化しはじめる、という、自転車操業が繰り広げられる。

管足の動きが混乱してしまわないのだろうか、と心配になるのだが、その心配はいらないことも私はよく理解している。ヒトデの神経系は中枢が分散しており、それぞれの場所での独立した動きが可能なのである。

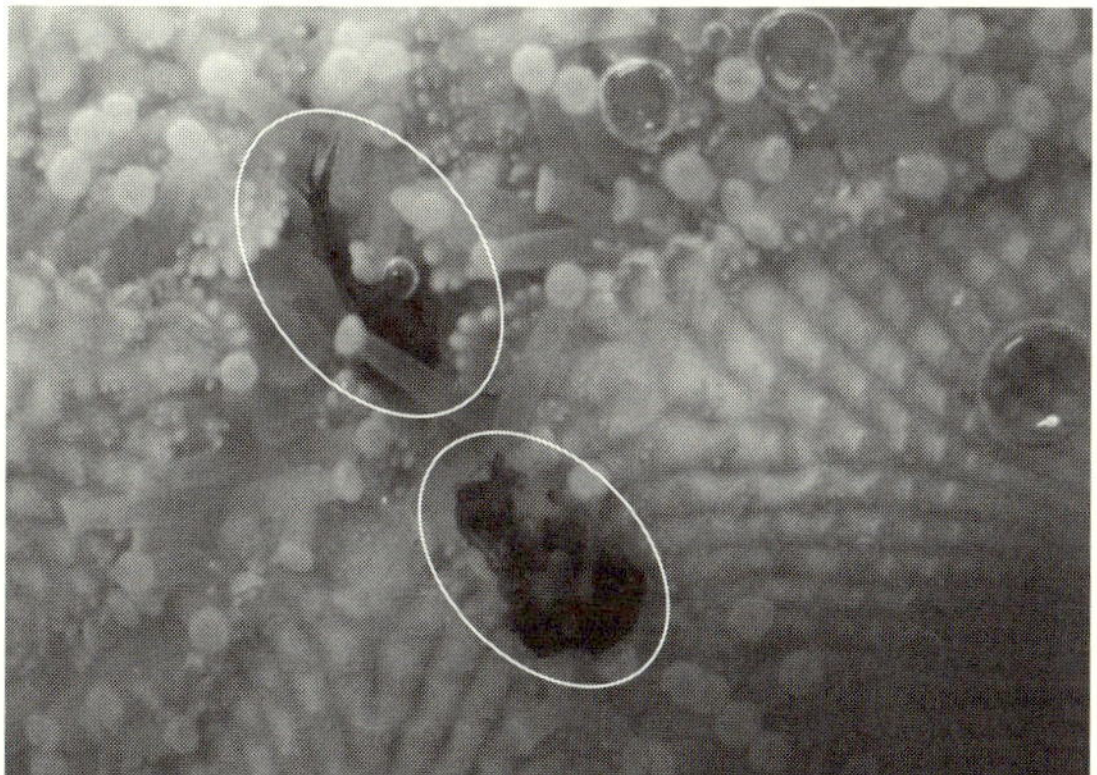

イトマキヒトデの捕食の技は大変すぐれている。体液を吸いつくした“吸いカス”を口から“腕”のほうへ送りはじめたとき、次のヨコエビを胃で消化しはじめるのだ

ところで、ヨコエビにはかわいそうだが、こういう光景は、なんと言ったらいいのだろう、

“生命”の姿、奥深さを赤裸々に感じさせてくれる。

よくも悪くもない。あー、地球に誕生した生命なんだなー、すごいなー、と。

もちろん、「何か、怖い」という気持ちも確かにある。でも、それを超えて、生き物が懸命に生き抜いている深遠な出来事を感じさせてくれるのである。

同時に、すぐれた人間比較行動学者としての私は、自分の中に生じる感情にさえも、人間という生命体の、懸命な生きる営みとして耳を傾ける。私の脳内に起こった感情・心理は、われわれホモ・サピエンスが、本来の環境＝狩猟採集生活の中で、生き抜くために必要なものだったにちがいない。その感情や心理はいわば生きた化石であり、われわれの祖先が、狩猟採集生活の中でどんな場面にしばしば遭遇し、どのようにしてそこを切り抜けてきたか（についての手がかり）を語ってくれるのである。

少なくとも、ヒトデの捕食の現場を観察したときに感じる「何か、怖い」という感情は、未知の生物に出合うことも多かったであろう狩猟採集生活の中で、生き抜くうえで大切な感情であっただろう。

また、はじめて見るヒトデの捕食活動の中に、「生き物が懸命に生き抜いている深遠さ」を

感じることは、ほかの生物の習性についての知識の網の目の中に、それまで知らなかった生物の習性を、しっかりと織りこむ効果があるのではないだろうか。

そうやって拡大する記憶の織物は、莫大な種類の生物に囲まれた、われわれの祖先の狩猟採集生活に有利に働いたにちがいない。


Uくんの実験の話に移ろう。

イトマキヒトデは、ヨコエビのような甲殻類をはじめとして、さまざまな動物を捕食するのだが、磯ではなんと言っても主要な餌は貝であろう。

Uくんは、イトマキヒトデの水槽に、形態の異なる二種類の貝（ベッコウカサガイとオオコシダカガンガラ）を五匹ずつ入れ、イトマキヒトデの捕食状況を調べたのである。

ちなみに、ベッコウカサガイは、その名のとおり、柔らかい本体の上に笠の形の貝をもち、貝の下に完全に体を隠して石の上を這いまわりながら、石についた藻などをかじりとるようにして食べる。一方、オオコシダカガンガラ（ややこしい名前！）は、巻き貝で、通常は、体を貝の殻から外に出し、石の上を這いまわりながら、藻を食べている。

水槽に入れられた二種類の貝は、水槽の底や側面に柔らかい体で張りつき、ゆっくりと移動を始めた。

そして数日後、これらの貝は、イトマキヒトデによって捕食されただろうか？

実は、**Uくんと私は、その結果を、ある仮説をもって興味深く見守っていた。**

その仮説というのは次のようなものであった。

イトマキヒトデが生息する磯を散策したとき、Uくんと私は、ベッコウカサガイ（以後カサガイと呼ぶ）とオオコシダカガンガラ（以後ガンガラと呼ぶ）の活動場所について、ある違いに気づいていた。

カサガイは、海水に完全に浸かることなく、海水面ギリギリの上あたりにくっついていることが多い。

一方、ガンガラのほうは、磯の海水に完全に浸かった岩に（水面下に）くっついているのである。

なぜ、両者で、こんな違いがあるのか？

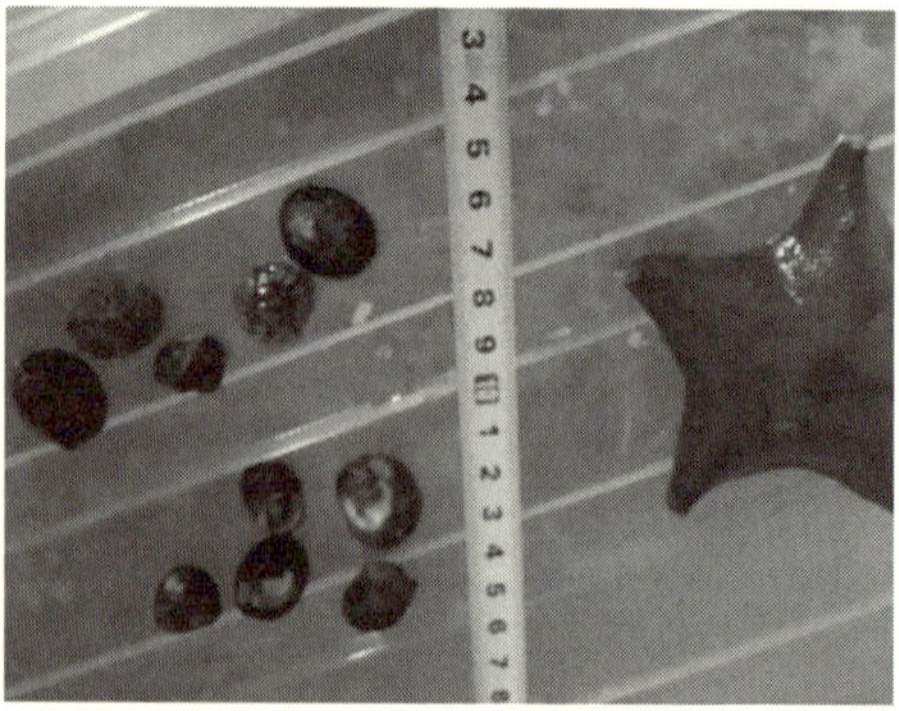

イトマキヒトデ（右）とベッコウカサガイ（左上）とオオコシダカガンガラ（左下）。
２種類の貝の活動場所の違いについて、面白い事実を発見！

われわれは、その理由の一つは、二種の貝がイトマキヒトデによる捕食を避けるやり方の違いに関係しているのではないかと推察したのである。

つまりこういうことだ。

ガンガラは、いざとなれば、生身の本体を貝の中に入れて、生身の本体の先についている固い蓋を閉じれば、完全に本体を殻で防御することができる。

イトマキヒトデにつかまり、イトマキヒトデが胃を外に出してきて消化液を放出しても、その消化作用に耐えることができるのではないだろうか。

それに対してカサガイのほうは、いくら生身を引っこめても、腹側は貝殻（笠）から露出してしまう。いくら岩の表面に笠を密着させていても、イトマキヒトデに上から覆いかぶさられ、消化液を放出されたら、笠のまわりから消化液が侵入して生身がとけてしまう。

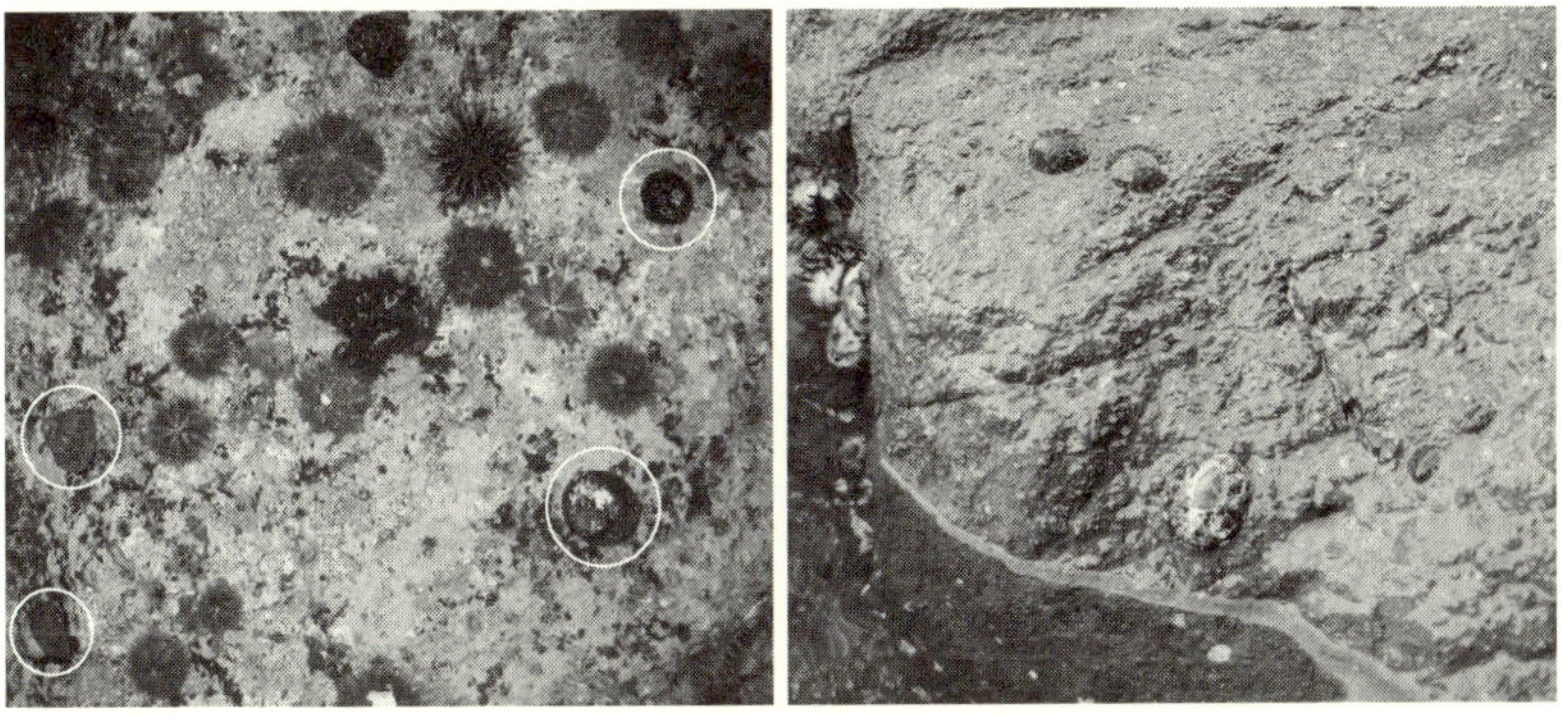

カサガイ（右）は海水に完全に浸からず、海水面ギリギリの上あたりにくっついていることが多い。ガンガラ（左○印）は、海水に完全に浸かった岩にくっついている

やがて、筋肉の力が弱まり、岩から離され、万事休す……となってしまうのではないだろうか。

だから、「磯でガンガラは、藻などの餌も多いと考えられる水面下で活動し、一方、カサガイは、ヒトデがやって来られない水面の上で活動する。（もちろん、水面上であればどこでもよいというわけではない。藻なども生育でき、乾燥も比較的少ない、水面に近いところを選ぶ。）」……そう仮説を立てたのである。

そして、もしこの仮説が当たっていれば、イトマキヒトデが手ぐすねをひいている水槽の中で、ガンガラは生き残り、カサガイは捕食される（あるいは、水面上に移動して助かる）はずである。

さて、結果である。

次の日、われわれが目にした光景は、カサガイには気の毒だったが、実に見事なものだった。

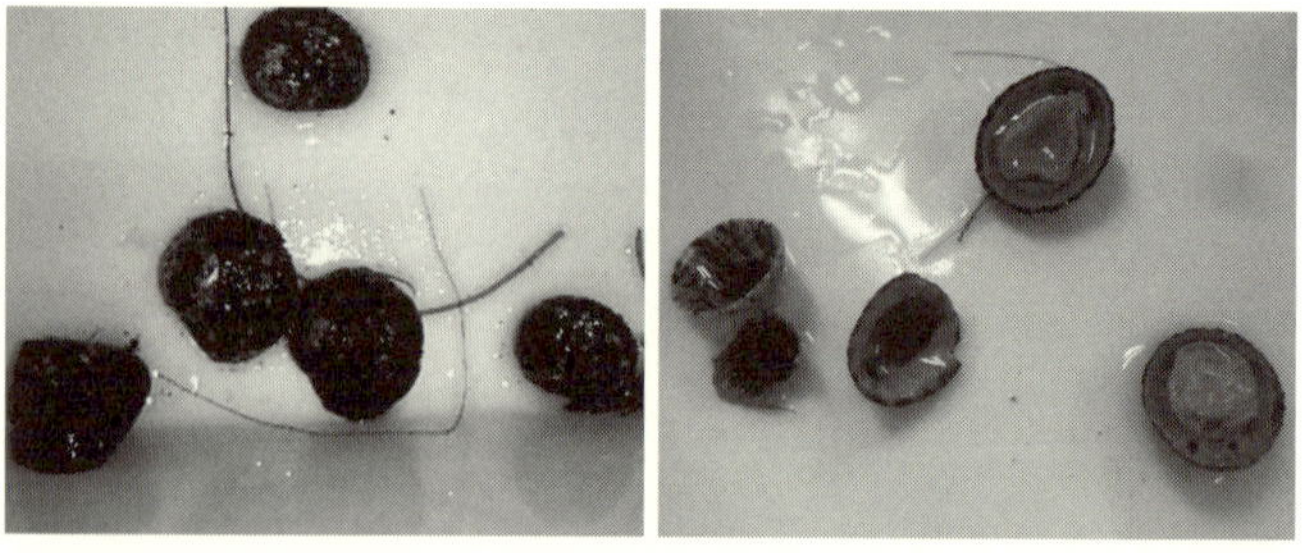

２種類の貝のイトマキヒトデによる捕食からの避け方の違いが、生息場所に関係しているのではないかと仮説を立てて、実験。結果、カサガイは３匹捕食され、ガンガラは１匹も捕食されていなかった

カサガイ三匹が捕食され、ガンガラは一匹も捕食されていなかった。そして捕食されていなかったカサガイは、なんと、水槽の水面のすぐ上にくっついていたのである。

つまり、われわれの推察そのまんまだったのである。**Uくんと私が喜んだのは言うまでもない。**

次に、ヒトデが実際に貝たちを捕食する様子を観察しようと、カサガイとガンガラを、一週間近く飢えさせたイトマキヒトデの水槽に入れて、その様子をじっくり観察した。しばらくして、水槽の底にくっついて移動しているカサガイとガンガラを、**イトマキヒトデが襲ってきた。**

あわれカサガイは、ヒトデの管足で体をひっくり返され、腹側の、殻に隠されていない生身を表にされた。一方、ガンガラは懸命に逃げようとしていたが、結局、ヒトデの体に覆いかぶさられてしまった。

そして、捕食されていなかったカサガイは、水槽の水面のすぐ上についていた。まさしく、われわれの推測どおりだった

それから数時間後、貝たちに覆いかぶさっているヒトデを持ち上げて裏側を見てみた。

ヒトデは、三匹のカサガイを、彼らが殻で隠すことができない腹面を管足でとらえ、一匹をまさに口のところで食べていた。一方、ガンガラも一匹、ヒトデに管足でとらえられていたが、管足がくっついていたのは、背中の殻だった。巻き貝であるガンガラは、生身をすべて殻に隠すことができ、**ヒトデも攻めようがなかったのである。**

このようにして、「カサガイ（笠貝）とガンガラ（巻き貝）が、それぞれ磯の海水の上と下で活動する理由と、これらの貝が示すヒトデの攻撃行動からの防御法との関係」に深いつながりを発見したUくんは、さらに今度は、二枚貝の対ヒトデ防御法について調べていった。（これについて話すとまた長くなるので、ここでは省略する。）

イトマキヒトデが捕食する様子を観察。飢えたイトマキヒトデがカサガイとガンガラを襲う（右、中）。数時間後に見てみると、カサガイの腹面を管足でとらえ、1匹を口のところで食べていたが、ガンガラのほうは殻に守られて無事だった（左○印）

さてさてここからは、学生たちと行なった「海の生き物から一種類選んでその動物の専門家になろう」プロジェクトで、**磯の動物たちにいよいよ傾倒してしまった私**が、独自にお近づきになった、ある動物についての話である。

その動物というのは、**イワガニ**である。

イワガニは、ずっと以前から気になっていた動物だったのだが、その思いが抑えられなくなってしまったのである。

まずは、イワガニの棲む磯について、イワガニのお隣さんたちを中心に紹介しておこう。

イワガニも時々、風呂にでも入るようにして利用している潮だまり（タイドプール）には、大から小まで、さまざまな大きさのイソギンチャクが、きれいな花を咲かせて揺らめいている。

この潮だまりのイソギンチャクたちは、生態学的には一つの個体群であり（一つの村のようなもの）、私は、この光景を見るたびに、この村の住人一人ひとりの戸籍台帳をつくりたいという衝動にかられる。

それぞれの住人はこの村に定住して、みな、暮らしていけるのだろうか、どれくらいの速さで成長するのだろうか、村の中をどの程度動きまわっているのだろうか……。

面白い調査になるような気がする。

（ちなみに、プロジェクト研究のテーマとして、Kさんにすすめてみたら、Kさんは、もっと動物らしい動物がいいと言った。つまりしゃきしゃき動く動物がいいということだ。でも、Kさん、イソギンチャクだって動くのだ。特に小さいときは、けっこう、ちょこまかちょこまか動くのだ。）

潮だまりには、時々いろいろなお客さんが訪れる。イワガニもそうだが、クラゲやウミウシも訪れる。あるときは、なんと、タコまでもやって来た。

タコは、まだ小さな小さな、一センチメートル程度の子どもだった。その、**小さなチビタコ太郎**（私が命名した。雌だったらどうしよう）**が、潮だまりをひょこひょこ泳いでいた**のである。おそらく、私でなければ、見逃していたであろう。また、たとえ見つけたと

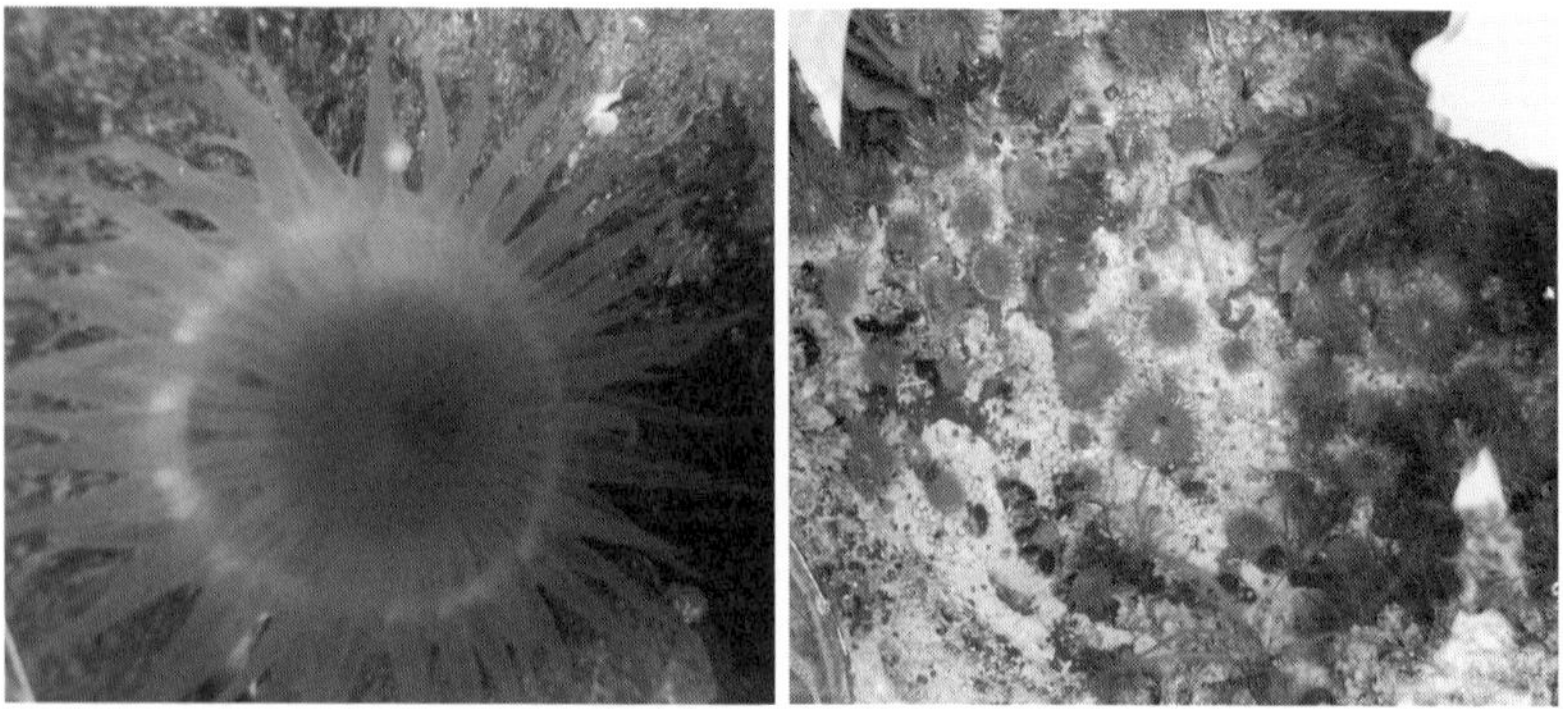

潮だまりには大小さまざまなイソギンチャクが揺らめいている。この光景を見るたびに、私はイソギンチャク一人ひとりの戸籍台帳をつくりたくなる。どのくらいの速さで成長するのか、どの程度動きまわっているのか

しても、捕獲は難しかっただろう。

あまりにもかわいかったので（それとその習性が興味深かったので）、チビタコ太郎は、手ですくいとられ、大学に持ち帰られた。

大学では、私の机の上の水槽に入れられ、二日ほど観察された。

タコの素早い体色変化は有名であるが、チビタコ太郎も、実に素早く状況に合わせて体色を変えた。たとえば、背景を白い紙にすると体色を白く（透明に）変え、黒い紙にすると素早く黒くなった。

一般の魚の色素細胞では、細胞の枠は変えず、中の色素顆粒だけが集まったり（体色は白っぽくなる）拡散したり（体色は黒っぽくなる）する。一方、タコの色素細胞は、細胞自体が縮小したり拡大したりする。だから、体色変化が素早くできるのだ。

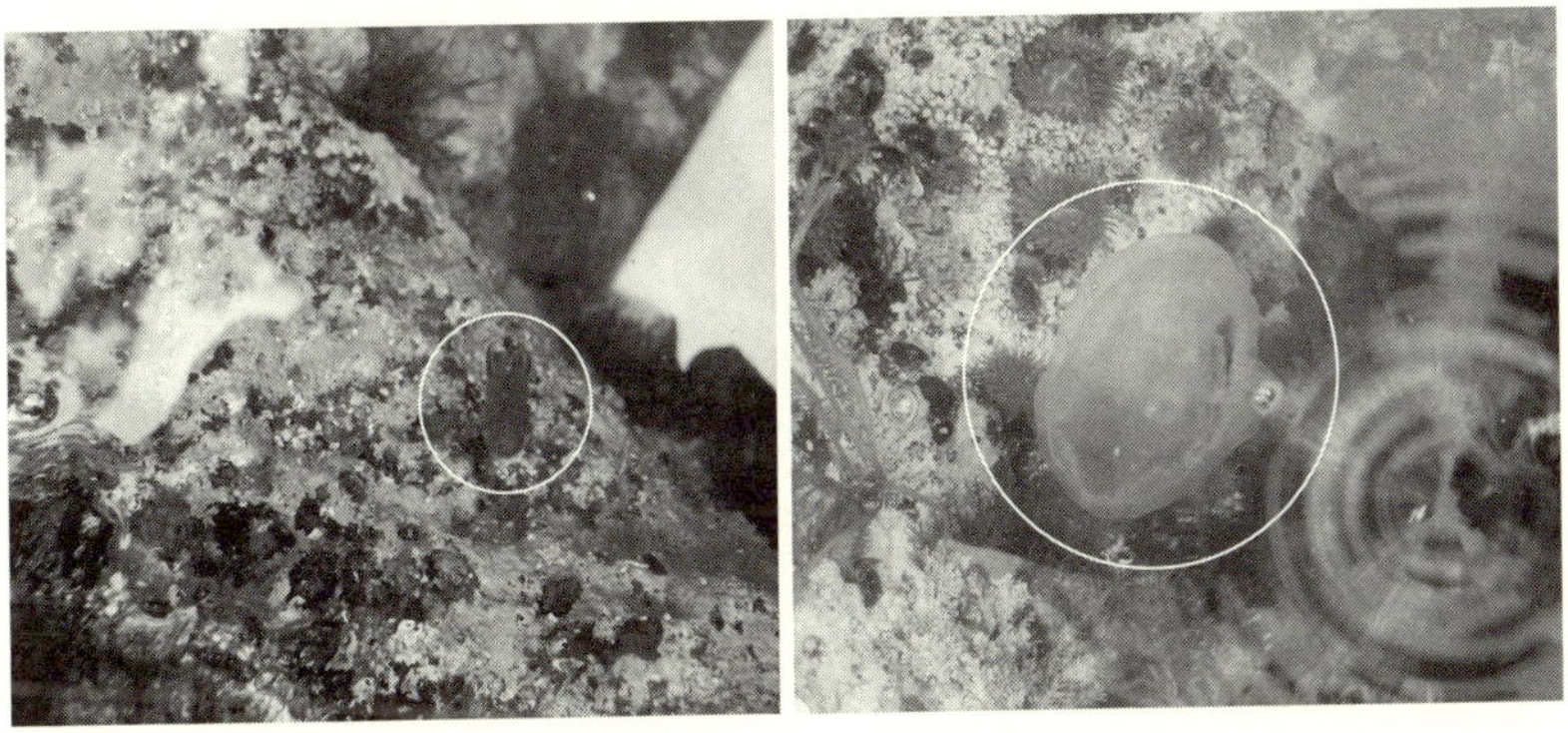

潮だまりにはいろいろなお客さんがやって来る。右はクラゲ。左は小さな小さな、1cmほどのタコの子どもだ（○印）。私は、チビタコ太郎と命名、あまりのかわいさに、大学へお持ち帰りした

そんないろいろな観察をさせてもらったあと、私は、感謝の気持ちいっぱいで、チビタコ太郎を岩戸海岸に返した。

潮だまりにもどされたチビタコ太郎は、最初おどおどしていたが、やがて水ぎわの海藻の下で、絶妙の色合いになって、体もまん丸な石のようになって動かなくなった。

「やっぱり面白いやっちゃな、おまえさんは。満ち潮で、潮だまりが海とつながったら、また海に帰るんか。じゃ元気でな。ありがとう」

もう一つ、イワガニが棲む磯で忘れられない動物の一つに、イワシ（の稚魚）がある。

入り江の浅瀬を泳ぐ姿を上から見ると、うす青い（エメラルド色と言ってもよい）体で、群れをつくっ

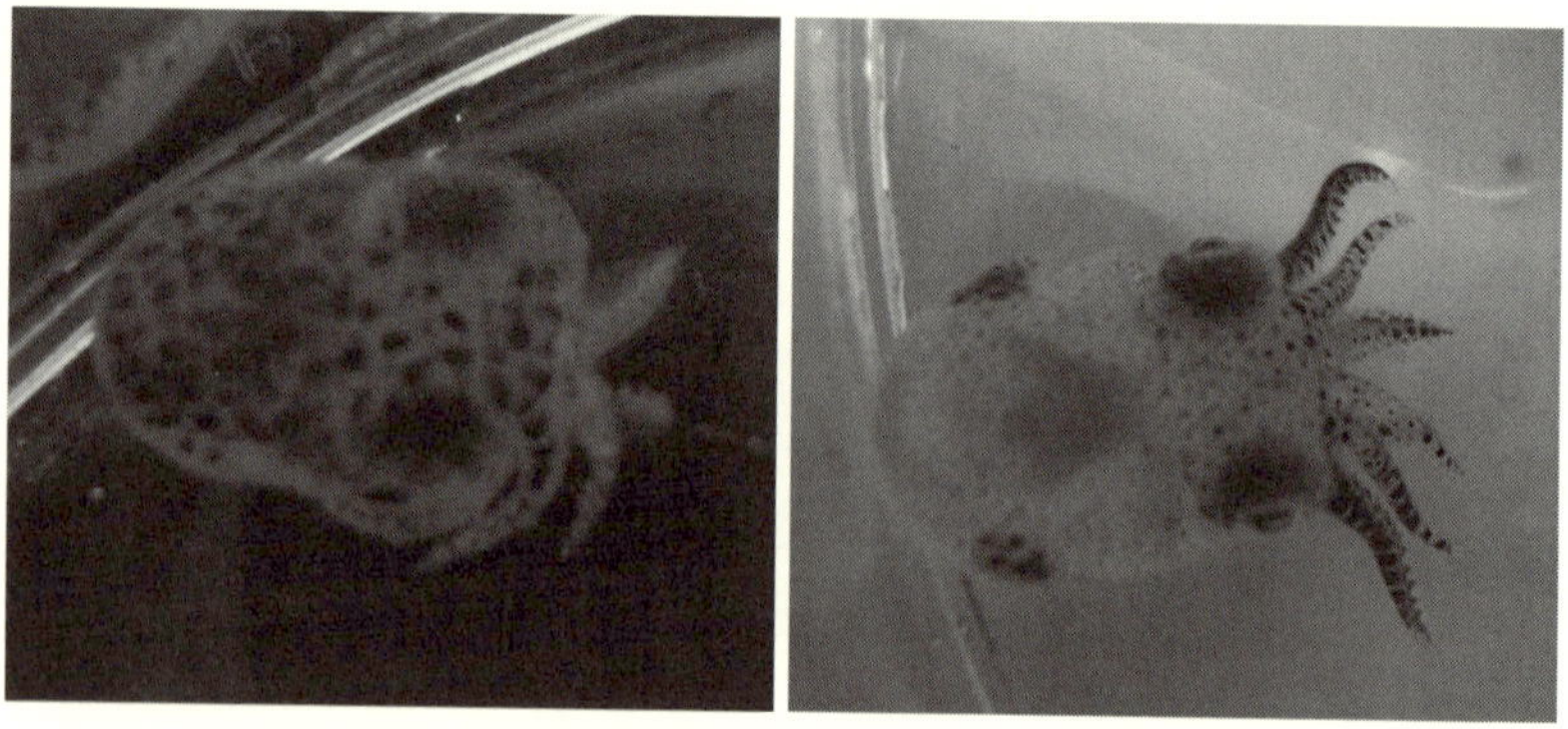

タコは状況に合わせて体色を変える。チビタコ太郎ももちろんそうだ。
背景を白い紙にすると透明になり（右）、黒い紙にすると素早く黒くなった（左）。
どんなに小さくてもやっぱりタコなのだ

て、しなやかに旋回している。美しいとしか言いようがない。

ところが、このイワシの稚魚は、イワガニの貴重な餌になるのである。何かの理由で陸上に取り残され、それをイワガニが食べるのだ。死んだイワシも、目はくっきり生き生きしていて、その顔を見ると、ちょっとかわいそうな気持ちもわいてくる。

しかし、イワガニにとってはうれしいうれしい餌である。イワガニが磯で餌にしていた動物の中で、はっきりその種類が確認できたものは、ウミウシとカサガイとこのイワシであったが、いちばん美味しそうに食べていたのはイワシであった。

このへんの話については、またあとで詳しく……。

磯の面白みはつきないのだが、〝夜の磯〟も、その

イワシの稚魚も忘れられない磯の住人。浅瀬をうす青い体で群れて旋回している姿はとても美しい（右）。何かの理由で陸に取り残されたイワシは、イワガニの貴重な餌になる（左）

一つである。

夜の磯は、また、魅惑のフィールドである。

日中、ひっそりと岩陰に隠れていたと思われるウミヘビのような長細い魚や、ハゼの仲間と思われる愛嬌のある魚たちが、餌を求めて浅瀬をさまよいはじめる。ウニやヒトデ（いずれも棘《きょく》皮《ひ》動物という同じ仲間である）の動きも活発になり、それらが岩の上に集まると、花火のように見える。

私は、その花火の中から、小さな赤色のヒトデや小さな褐色のウニを手にとって見つめる。何かとてもいとおしく思えるのは、彼らが小さいせいだろうか。私が年をとったせいだろうか。あたり一面の暗闇の中での対面だからだろうか。

さて、舞台はそろった。

イワガニの登場である。

私がイワガニにはじめて出合ったのは、二匹のイワガニが、体長が自分たちの何倍もあるイワシの稚魚のとりあいをしているときだった。

大体、体が同じ大きさの（〝同じ大きさ〟という点がのちのち重要になってくるので、覚え

夜の磯は魅惑のフィールド。ウミヘビのような長細い魚（❶）や、ハゼの仲間と思われる魚（❷）、ヒトデ（❸）、ウニ（❹）など、日中ひっそり岩陰に隠れていた生き物たちが活動を始める

ておいていただきたい）二匹のイワガニが、**一匹はイワシの頭を、もう一匹はしっぽを、ハサミでしっかり持って、引っ張りあいをしていたのだ。**

いや実に人間ぽい、というか（人間がイワガニっぽいと言うべきかもしれない。そう言うべきだろう）、私は即座に、思いっきり、感情移入してしまった。

「これはオレのものだ（あるいは、ワタシのものよ）、放せよ（放しなさいよ）」

「おまえこそ放せ（あなたこそ放しなさいよ）」みたいな。

自分で言うのも恥ずかしいが、いたずら好きな私が、その光景に反応しないなんてことがあろうはずがない。

私とイワガニの出合いは、2匹のイワガニが1匹のイワシの稚魚のとりあいをしているときだった

勝負はなかなかつかなかった。やがて、イワシの体が途中で切れて、イワガニたちは両方ともめでたく戦利品を手にして、岩の陰に隠れていった。

面白いものを見たなー、と思って、散策を続けていると、なんと次から次に、岩の上に打ち上げられたイワシに出合い、それをイワガニたちが、美味しそうに食べていたのである。（余計なことであるが、私は寿司ではイワシが好きなので、見ていたらお腹が空いてきた。とにかく、イワガニはイワシを美味しそうにむしゃむしゃ食べるのだ。）

その動作も実に思慮深そうで、表情も実に魅力的で、**私はいっぺんにイワガニのファンになったの**である。

そんな出合いがあってから約二年、イワガニのことが気になりながら時は過ぎていき、「海の生き物から一種類選んでその動物の専門家になろう」プロジェクトで、その思いが抑えられなくなってしまったというわけである。

さて、プロジェクト研究の開始後まもなく、**私の研究室の机の上には、水槽に入ったイワガニがいた。**そして、そのイワガニたちは、私にいろいろなことを教えてくれた。

特に私は、イワガニとはかなり違った環境に棲む蟹＝スナガニについても、それまでにいろいろと調べていたので、〝スナガニとの比較〟の中で、イワガニの特徴を鮮明に感じることができた。

ちなみに、〝比較〟というメガネは、場合によっては実に有益に使える道具である。

〝比較〟というメガネで見たとき、目につくイワガニの特徴の一つは、目の形と、目の動き方である。

「比較的長く、体に対して垂直に、直立するように持ち上げることができるようになっている」スナガニの目に対して、イワガニの目は、「短く、横に寝たままで、あまり持ち上げることができない」つくりになっている。目が体に対して垂直になるような動きなどめっそうもない。

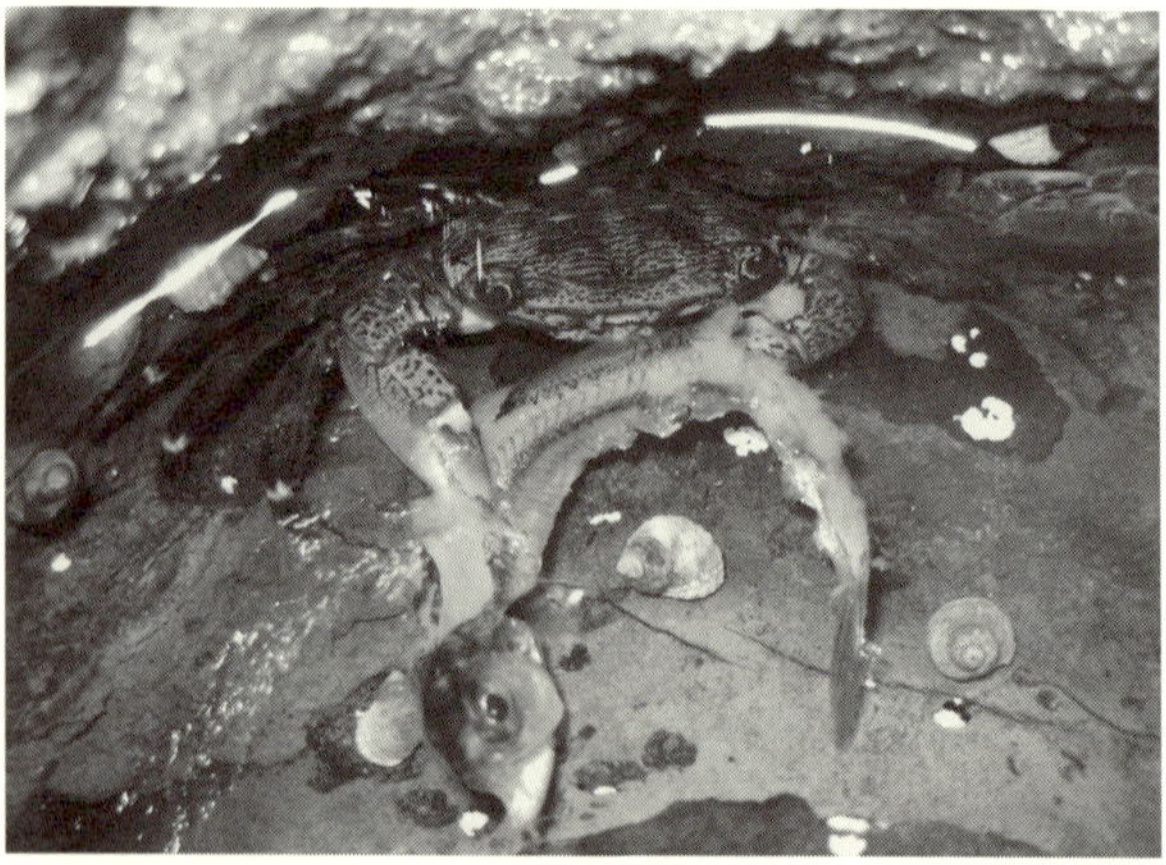

「海の生き物から１種類選んでその動物の専門家になろう」プロジェクト開始後まもなく、私の研究室の机の上には、水槽に入ったイワガニがいた

どうして、こんな違いがあるのだろうか。

ここだけの話であるが、私くらいの研究者になると、その理由はすぐわかる（正確には、推察できる）のである。

それはズバリ、彼らが暮らす環境の違いにある。

まず、スナガニのほうである。

スナガニの生活場所は、「サーっと開《ひら》けた海の砂浜」である。そのような環境では、餌を見つけるためにも、逆に、自分を餌にする鳥などの捕食者を素早く見つけ、さらに、その捕食者から身を隠す穴や海藻など漂着物を見つけるためにも、遠くを見わたせる能力が重要である。そのためには、視点はできるだけ高いところにあったほうがよい。

スナガニの写真を見ていただきたい。長い目を垂直に立てると、目の先端は最大限高くなり、そもそも、体の前面を地面に垂直に立てて目の付け根の位置が高くなるような体形が、さらに、目の先端を高くしている。

スナガニ（右）の目は、比較的長く、体に対して垂直に、直立するように持ち上げることができる。一方、イワガニ（左）の目は、短く、横に寝たままで、あまり持ち上げることができない。その違いの理由は、彼らが暮らす環境の違いにあるのだ

ちなみに、「開けた場所で、餌や捕食者を見つけ出すために、視点が高くなっているのではないか」と考えられる動物の例は、いろいろと知られている。人類の〝直立〟もその一つである。

人類は今から数百万年前に、森の中に棲んでいたチンパンジーとの共通の祖先から袂《たもと》を分かち、開けた草原で暮らしはじめたと考えられている。

そこには、人類の捕食者になりうるたくさんの肉食獣が生息しており、そういった捕食獣を早く発見して身を隠すことが生存にとても重要だったと考えられている。

そして人類学者の中には、人類が直立した理由の一つは、「視点を高くする」ことの有利さだったのではないかと考えている人もいる。

もう一つ例をあげよう。

本来、木の上から草原を見わたして、獲物を見つけたり、その獲物へ近づくよい（つまり獲物に見つかりにくい）ルートを決めるヒョウは、木がないときは後ろ足だけで立ち上がる姿勢をとるという。身を立てて視点を高くし、草原を少しでも遠くまで見わたそうとするためだと考えられている。

開けた浜辺で生きるスナガニにおいても、長い目や、その目を直立させる動きは視点を高くすることを可能にし、生存に有利だったのではないだろうか。

その点、イワガニでは事情が違う。

イワガニが棲む場所は、文字どおり、いろいろな岩がごつごつき出した岩場（磯）である。見晴らしが悪い岩と岩の間を棲みかとし、岩の隙間に入って食事をしたり休息するイワガニにとって、遠くを見晴らすために視点を高くすることは、あまり生存上の価値はない。むしろ、岩の隙間に入りこむときなど、目がじゃまになったり、目を傷めたりする可能性がある。

そういった事情は、イワガニの体つきにも表われている。岩の隙間に素早く入りこめるような平たい体と、その上面からほとんどつき出ない目の位置や動きがそれである。

以上の推察、いかがだろうか。

さて、ではいよいよ、この章のタイトルにした**「イワガニの頻繁な脱皮」の話**に入ろう。

〝頻繁〟とはいっても、もちろん毎日、殻を脱ぐわけではないが、スナガニよりは明らかに頻繁に脱皮する。

研究室で飼育しはじめた四匹のイワガニには、個体識別のために、車体の修整用塗料で背中に数字を書いたのであるが、早い個体で一週間以内、遅い個体でも一カ月くらいで脱皮をしてしまった。（つまり、せっかく背中に書いた番号が無駄になってしまった。）

スナガニは、三カ月以上飼育したことがあったが、脱皮をした個体など見たことがなかった。

私は、この違いに注目したのである。

私の頭の中にインプットされている両種（イワガニとスナガニ）の間のさまざまな違いともからみあって、少々オーバーに言えば、脱皮の頻度の違いに、イワガニの生き方の本質的な一面が表われているように感じたのである。

その〝生き方の本質的な一面〟とは、たとえば以下のようなことである。

イワガニは、餌が死んだ魚であったり、ウミウシであったり、貝であったりと、比較的大きなものであることが多い。海藻なども食べるの

磯の潮だまりでイワガニが脱皮したところ。
スナガニに比べて、イワガニは頻繁に脱皮する

かもしれないが、いずれにしろ〝**肉**〟**が大好き**である。磯は、そういった〝大きな肉〟が手に入りやすいのだ。

ちなみに、スナガニは、そんな大きな肉に出合うことはほとんどない。スナガニは、浜辺の砂にまじったプランクトンや海藻のかけらなどを、せっせせっせとハサミで拾って食べている。餌は細かくて、そこら一帯にちらばっているから、個体同士が餌を引っ張りあってとりあいをする場面など見たことがない。

ところがイワガニでは状況が違う。

しばしば、〝**大きな餌**〟**のとりあい、引っ張りあいが起こる**のである。

運がよければ、餌を自分一人（一蟹）で見つけて他人がいないところへこっそり運び、一人で食べることができる。しかし、そんな幸運なことはあまり起こらない。たいていは、近くにほかのカニがいて、しっかりと周囲を見ている。

自分と他個体が同時に餌を見つけたり、あるいは自分だけが見つけても、運んでいる途中で他個体に見つかり奪いあいになったりする。

そんななか、私は、こういった**イワガニの餌の争奪戦に関して、興味深いことを見つけた**のだ。

読者のみなさんは、先に私が書いた次のような文章を覚えておられるだろうか？

大体、体が同じ大きさの（〝同じ大きさ〟という点がのちのち重要になってくるので、覚えておいていただきたい）二匹のイワガニが、一匹はイワシの頭を、もう一匹はしっぽを、ハサミでしっかり持って、引っ張りあいをしていたのだ。

つまり、**引っ張りあいの争奪戦になるのは、体の大きさが同じくらいのカニ同士**の間であり、大きさにはっきり違いがあると、小さいほうはすぐ負けて退散するのである。

そんな場面を何度か目撃した私は、**イワガニの餌の獲得についてある仮説を立てた。**

「イワガニでは、餌を獲得するためには、大きいほうが絶対的に有利だ」という説である。

そして私は、この説を検証すべく（それと、イワガニ釣りを楽しむべく！）、**すばらしい実験を試みることになった**のだ。

イワガニたちのコロニー（村）が眼下に見える岩の上に座り、釣竿に糸をつけ、その糸に餌（ブリの粗《あら》）をつけ、二匹のイワガニのちょうど真ん中に餌を置くのである。そして、このとき選ぶ〝二匹のイワガニ〟を、「互いに同じくらいの大きさ」の場合と「一方が明らかに大きい」場合にするのである。(ちなみに、それが〝すばらしい実験〟?と笑ってはいけない。実験の価値は、見た目ではなく、そのねらいや内容によるのである。まー、イワガニを釣ってみたいという強い欲求があったことは否定しないけれど。)

さて、その**実験の結果はどうなったか。**

まず、大きいカニと小さいカニの間に餌を置くと、餌に寄って来てつかむのは、大きいほうのカニである。何度やってもはっきりしている。小さいほうのカニは、大きいカニの存在がわかっているのだ。ためしに、そのあたりに自分(小さいカニ)しかいないような場所に餌を置くと、小さなカニは、ちゃんと餌に近寄ってつかんでくる。

こんなこともあった。

私が、餌のコントロールをミスって、小さいカニのすぐそばに餌を置いてしまったときのことである。さすがに、小さいカニは、手をのばせば届くところに現われた餌にすぐに飛びついた。すると、**少し離れたところにいた大きなカニがどたどたとやって来て、**その餌をつかみ引っ張ったのだ。すると、**小さいカニは少しは抵抗したが、**すぐあきらめて餌を放してしまったのである。

では、大きさが同じくらいのカニの間に餌を置くとどうなるだろうか。

そんなときは、両方のカニが近づいていき、餌に到達する時間に差はあっても、結局は、二匹が両方ハサミで餌をつかみ、引っ張りあいを始めるのである。

大きいカニ同士が餌を引っ張りあっているときは、その場から少し離れたところで、小さいカニたちが、大きなカニの引っ張りあいを、遠巻きに見ていることもある。小さなカニの、**「オレたちだって餌がほしいんだよー」**と言っている声が聞こえるような気がする。


実験を何回もやっていると、いろいろな場面に出くわす。

たとえば、こんなこともあった。

大きいカニが小さいカニから餌を奪いとり、（おそらく岩の陰に）運ぼうとしたが、糸が岩の突起にひっかかって運べない。しかたなくカニはその場で餌を食べはじめたのであるが、近くに中くらいのカニが現われ、遠巻きに大きなカニを見ている。

と、**突然、大きなカニが中くらいのカニに突進し、そのカニをはがいじめにした**のだ。

最初私は、大きなカニが、近くに来た中くらいのカニを追い払おうと攻撃したのかと思った。

小さいカニのすぐそばに餌を置いたら、さすがに小さいカニは餌に飛びついた

と、すかさず大きなカニがどたどたやって来て、

餌をつかんで引っ張った。小さいカニはすぐにあきらめた

大きさが同じくらいのカニの間に餌を置くと、両方のカニが近づいてきて、
ハサミで餌をつかんで引っ張りあいを始める

少し離れたところで、小さなカニたちが遠巻きに見ている。
「オレたちだって餌がほしいんだよ～」

しかし大きなカニは、中くらいのカニをはがいじめにしたまま動かないのだ。攻撃にしてはゆるい。それに餌をずっと放っておくのも合点がいかない。

こうなると、がぜん私の脳が回転しはじめる。

「これは面白いことになった」と。

私の脳が、これまでのいろいろな体験や知識をガラガラと巻きこんでチーンと出した答えは、**「イワガニ流の、雄による雌への求愛だ」**というものである。

その答えのもとになった知識の一つは、ヤドカリ(巻貝の殻を移動式住居にして生活するカニの一種である)の、雄による雌への求愛である。

学生のとき、夏の実習で海辺の潮だまりを観察していた私は、大きなヤドカリが突然、小さなヤドカリを、貝ごとハサミでつかんで、藻の茂みの中に運びこむのを目撃した。

大きなカニが、食べていた餌を放って、中くらいのカニをはがいじめにした

それまでのヤドカリの行動をつぶさに見ていた私は、「大きなヤドカリが雄で、小さな雌のヤドカリを運んでいったにちがいない」と、そのとき直感的に思ったのだ。そして、周囲にいた同級生に状況を説明して、みんなの前で、「この（小さな）ヤドカリには卵巣があるはずだ」と公言して、小さなヤドカリが入っていた貝を石で壊してみた。そのヤドカリは、見事に、発達した卵巣をもっていたのだ。

そんな記憶ももとに、私がイワガニで立てた仮説は、あとで文献で調べてみたところ、ほぼ正しいことがわかった。〝ほぼ〟というのは、イワガニそのものについての記載はなかったからである。でも、イワガニの仲間のカニでは、実際、繁殖期に、雄が雌をはがいじめにすることが記載されていた。

さて、私は、（最後の〝はがいじめ〟の話は別にして）一連の見事な実験を通して、「イワガニでは、餌を獲得するためには、大きいほうが絶対的に有利だ」という説を確かめたのだった。ひょっとすると、雄にとっては、雌を獲得するのに必要な〝はがいじめ〟のためにも、体が大きいほうが有利なのかもしれない。

では、イワガニのこのような特性と、脱皮の頻度とがどのように結びつくのか？

それは、生存にとって最も大切な「餌の獲得」には（あるいは、繁殖にとっても大切な「雌の獲得」にも）、体が大きいことが重要だからだ。**となれば、餌を食べて頻繁に脱皮をして、体を大きくすることが重要ではないか！**

もちろんこの推察は、あくまでも私の直観力あふれた仮説である。

そして仮説は、探求への入り口であり、特に自然科学では対象を見る目を敏感にしてくれ、なにより面白さを増してくれる。

なぜだろう？　○×だからかもしれない。もしそうなら、△□であるはずだ。じゃあ、見てみよう……。

ちなみに、その仮説を考えるとき、私が羅針盤として利用する原理は、「地球の生物は、それぞれの種《しゅ》が生活する環境の中で、生存や繁殖に有利になる形質や行動、心理を備えているはずだ」というものである。それが、動物行動学の核心なのである。

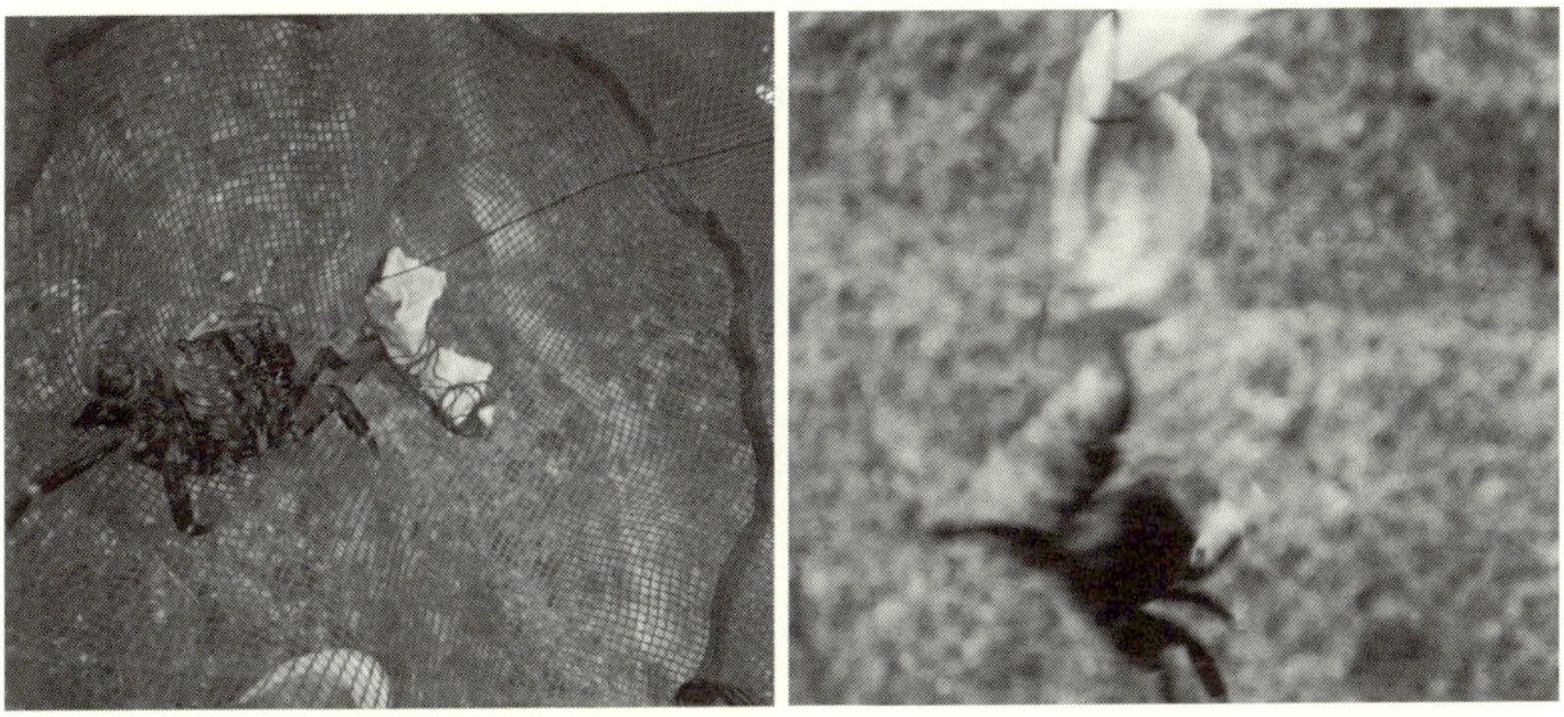

実験の合間に、念願のイワガニ釣りを楽しんだ。イワガニとの駆け引きもあり、ちょっとコツがいる。右は、餌をつかんだまま持ち上げられるイワガニ。左は、釣り上げられて網に納められたところ

さて、実験の合間には、私は、かねてからの望みだったイワガニ釣りも体験した。思ったとおり、イワガニとの駆け引きもあり、とても楽しかった。

そうこうしているうちに、磯にもう夕暮れが迫ってきた。岩戸の磯から眺める夕暮れもとてきれいだった。

岩戸の磯から海に沈む夕日を眺める

ヒキガエルのオタマジャクシを食べる芦津のアカハライモリ

山で暮らすイモリたちはたくましい

鳥取県には、東部と中部と西部に、それぞれ大きな川がある。千代川《せんだい》、天神川《てんじん》、日野川《ひの》、である。

そして、それぞれの川の流域に居住地が広がり、鳥取県には、東・中・西、それぞれの文化が息づいている。ちなみに、私が勤務する鳥取環境大学は、千代川の流域にある。

千代川は、河口に全国的に有名な〝鳥取砂丘〟をつくっているのであるが、千代川の本流を、枝流に入ることなく、まっすぐ、まっすぐ、まっすぐたどっていくと、智頭町《ちづ》に出合う。出合ったら、その中をさらに川に沿って進んでいくと、智頭町の端に芦津《あしづ》という山村がある。

芦津は、千代川の本家本元の源流ということなのだ。だから、芦津渓谷と呼ばれる谷があったり、三滝《みたき》や二《ふた》つ滝《だき》と呼ばれる滝もある。最近では、それらの渓流に沿って道を歩く、智頭町森林セラピーの拠点にもなっている。

私がモモンガたちを調べている調査地もその源流域にあり、山に降った雨がさまざまなところで小さな小さな溜まりや流れを生み出し、調査地のわきを流れる渓流へと集まっている。

さて、初夏のある日、私は、私のゼミのＩｙくんとＹくん、Ｋさんと一緒に、芦津の森に行った。主たる目的は、新しい調査地にモモンガをターゲットにした巣箱を設置することだった。

鳥取には大きな川が３つあり、そのうちの一つ千代川の流域に鳥取環境大学はある。千代川を遡っていくと、この章以降の舞台となる智頭町芦津の森がある

新しい調査地というのは、それまでに一〇〇個ほどの巣箱を設置していた平地（標高約七〇〇メートル）に連続した小さな山（標高約九〇〇メートル）であり、平地からその山の山頂まで続く登山道のわきの樹木一〇本に、巣箱を設置しようとしたのだった。

わずか一〇本の樹木への巣箱の設置とはいっても、巣箱は、樹木の六、七メートルの高さに設置するのである。おまけにその樹木は、急斜面につけられた登山道のわきの、標高差二〇〇メートルを一〇等分した場所の樹木である。

そこまで梯子を運び、樹木にかけた梯子にのぼっての巣箱の設置は、それなりに大変なのである。

山への巣箱の設置の目的や、その成果につい

私たちのモモンガの調査地、芦津の森は千代川の源流域にあり、降った雨が小さな溜まりや流れを生み、調査地のわきを流れる渓流へと集まっている

ての話は、また別な機会にするとして、その日、私は、モモンガとは直接関係のないある動物のことで、**ちょっと感動した事件に出合った**のである。

その事件は、われわれが、山にのぼりはじめる場所へと、平地を移動しているときに起こった。

そこは遊歩道の山側にあたる場所で、少し平らになっており、山側から地下を通ってきた水が湧き出て、小さな水たまりをつくっていた。そこからあふれた水は、再び地下にもぐりこみ、数メートル進んで遊歩道のわきを走る渓流へと流れこんでいた。

誰が発見したのかは定かではないが（芦津に来ると、やたらにそこらじゅうを徘徊しはじめるＩｙくんか？）、とにかく誰かが道からそれて山側を歩いているときに、その水たまりを発見したのだろう。

そして、**大声で叫んだ**のだ。

私がその場へ行ってみると、その水たまりには、多数の黒い粒が群れて重なりあい、うようよ動きまわる、実に興味深い光景が静かに進行していた。

「先生、これはなんですか」

その光景に見とれる私の後ろで、誰か（確かKさんだったと思う）が聞いた。もちろん私はそれがなんであるか、見た瞬間にわかっていた。それは、**ヒキガエルの幼生**（つまりオタマジャクシ）である。

ヒキガエルは、低地では早春に、高地では晩春に、池や森の地面にできた小さな水場に、長い透明なチューブに入れた、小さくて黒い卵をたくさん産む。やがてチューブはもろくなり、一方、チューブの中の卵は、元気なオタマジャクシに変わり、チューブからオタマジャクシが飛び出してくる。

遊歩道のわきの水場で群れていた多数の黒い粒は、チューブから飛び出してから一週間くらいのオタマジャクシだったのである。**一〇〇匹以上はいた。**

芦津の森には確かにヒキガエルはたくさんいた。森が豊かで人工物によって汚染されていない証拠と見ることもできる。

学生の実習で来たときも、私が一人で調査に来たときも、季節によって、いろいろな大きさの、いろいろな顔のヒキガエルが、いろいろな場所で迎えてくれた。

まー、いずれにしろ、その黒いツブツブのうごめきを見て、学生たちは、**「わー」**とか**「おー」**とは言いながら、しかしそこは、芦津にやって来た自然派の学生である、**興味津々とその**

ヒキガエルのオタマジャクシを食べる芦津のアカハライモリ

森の遊歩道のわきに、地下を通ってきた水が湧き出て小さな水たまりをつくっていた。
その中に、うじゃうじゃとヒキガエルのオタマジャクシが100匹以上はいた！

命の光景に見入っていた。

そんなときである。

水たまりの近くの**山の斜面のほうへ、ゆっくりと歩いていくアカハライモリ**を、私が見つけたのは。

そしてその瞬間、私の脳裏には、一匹の、ある忘れられないイモリの顔や、そのイモリとの触れあいが鮮やかに浮かんできたのである。

そのイモリは、一五〇〇メートルの高山の頂上近くを、ひょこひょこ歩いているところを、私が見つけたイモリだった。私はマヤと名づけて、四年間実験などを手伝ってもらったりもした。

マヤを見つけたのは頂上近くの登山道で、一キロメートル周囲には、少なくともまとまった水場はなかった。陸を歩きまわっていたせいだろう。平地の水場で見られるアカハライモリに比べ、明らかに四肢は太く、指も太くて短かった。皮膚がざらざらしていて、いかにも厚そうだった。

四年間の観察や実験で、その高山イモリの形態や行動の特徴がいろいろとわかったが、ある一つの疑問だけは残った。

ヒキガエルのオタマジャクシを食べる芦津のアカハライモリ

芦津の森で出合ったさまざまなヒキガエルたち。
１段目が子ども、２段目、３段目と成長していき、４段目が長老だ

「マヤはどこから来たのか?」（いくらマヤといえど、生まれたのは水の中なのだ。）

おそらく私の脳は、〝水たまりの近くの山の斜面のほうへ、ゆっくりと歩いていくアカハライモリ〟を見たとき、「マヤはどこから来たのか?」という疑問に対する答えのかけらを、無意識に見つけたのかもしれない。

ちなみに、私くらいの科学者になると、研究で湧き出した疑問は、頭のどこかしらに必ず、忘れずに覚えているのである。科学者の鑑《かがみ》、研究者の中の研究者、とでも言えばいいのであろうか。私は褒められることがあまり好きではないので、みなさんも、このことはここだけの話にしておいていただきたい。

ひょっとしたら、〝水たまりの近くの山の斜面のほうへ、ゆっくりと歩いていくアカハライモリ〟が、そのまま、そのまま、ひたすら、ひたすら登山を続け、一五〇〇メートルの高山の頂上近くまで到達することもあるのかもしれないと。

イモリは、土壌中のトビムシやダニ、貝などを餌にするから、登山中も餌には困らないはずである。乾燥さえしなければ、ありえない話ではない。

生まれた場所にとどまっていたら、成長後、兄弟姉妹と〝近親交配〟する可能性も出てくるので、むしろ斜面をのぼり、尾根を越えて分散したほうが、彼らにとっては有利なのかもしれない。

そう思った瞬間、**私の脳は、次のような新たな事実を見逃しはしなかった。**

それは、〝水たまりの近くの山の斜面のほうへ、ゆっくりと歩いていくアカハライモリ〟の「腹」である。腹が、異様に、ぷっくりとふくれているのである。

私が、その〝ぷっくり腹〟のイモリを、学生たちに示しながら、その大発見を披露していると、Ｉｙくんが次のように言ったのである。

「先生、そのイモリは、ここのオタマジャクシを食べたのではないですか」

私は、**はっきり言って、意表をつかれた。さすがＩｙくんだ。**その場の、生物たちの営みの空気を読んでいる、と言えばよいのだろうか。

でも、私くらいの人格者になると、そんなところで、「そうそう、私も今、同じことを言おうと思っていたんだよ」などとは言わなかった。むしろ、「なるほど、いいところに気がついたね」とＩｙくんを誉め称えたのであった。

でも、そこでそのまま終わるわけにはいかない。こうなったときの私は、われながら強い。

私はすぐに、次のように、冷静を装ってみんなにしゃべっていた。

「よし、では、**このイモリが食べたものを吐かせてみよう**」

そう言うと、私は、〝ぷっくり腹〟イモリのぷっくり腹を指で押さえはじめた。

断っておくが、それでイモリが食べたものを吐く、などといった**勝算はまったくなかった。**一か八かである。（ただし、強いて言えば、そんな突然の場面でこそ、その人間が生きてきた軌跡、全体験のようなものがそのまま出てしまうのである。野生児として育った私の脳がそうしろと言ったのだから、私には、勝算はなかったが、**根拠なき自信**のようなものがあった。）

するとどうだろう。

〝ぷっくり腹〟**イモリの口から、なんと、まだ消化されていないオタマジャクシが、ウヨウヨウヨウヨ出てくる**ではないか。明らかに、水たまりの中にいるヒキガエルのオタマジャクシである。

そうして、私の口は、さらにさらにさらに饒舌さを増していったのだった。

しかし、**油断は禁物**である。

戦いは続いていた。

誰だったか忘れたが、学生の一人が、今度は次のようなことを言い出したのだった。

「先生、水たまりの中に、まだ一匹、イモリがいます」

何！　これは**新手の強力な発見だ。**正直、**スゴイ！**

私は、すぐにでもそのイモリの捕獲へ動きたかったが、その衝動を抑えて、すぐに応酬案を考えた。

水場に目をやると、幸運にも、そのイモリがすぐに視野に入った。そして、そのイモリが雄であること、まだ腹がふくれていないこと、をすぐに読みとった。

こうなればもうこっちのものだ。

私は、冷静を装って次のように言ったのである。

「そう、よく見つけたね。おそらくそのイモリは、そうやって水場に隠れていて、これから隙をついてオタマジャクシを捕獲しようとしているんじゃあないかな。この雌のイモリほどには食欲がないのかもしれない。雄かもしれないなー」

そう言っておいてから、おもむろに水場に近づき、そのイモリをつかまえたのだった。

「**やっぱり雄か。思ったとおりだ。**まだ腹がふくれて

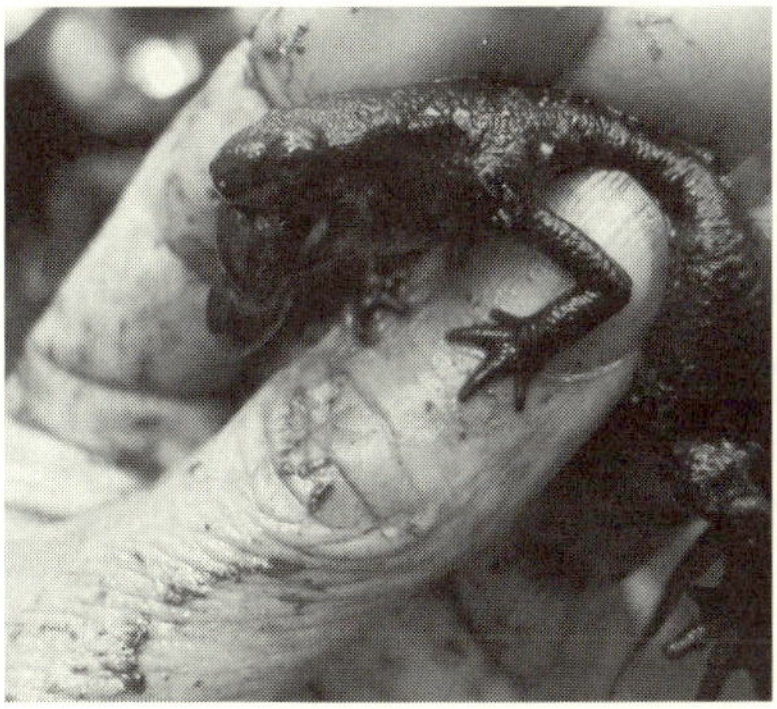

ヒキガエルのオタマジャクシがいる水たまりにはアカハライモリがいた（右）。お腹がぷっくりふくらんでいるアカハライモリの腹を押すと、オタマジャクシがウヨウヨ出てきた（左）

ないから、これから食べようとしていたんだろう……」

教員もなかなか疲れるのだ。

さて、戦い終わった私は、〝ぷっくり腹〟イモリをまだ持っていることに気がついた。〝ぷっくり腹〟イモリを放してやらなければならない。

気の毒に、私に、せっかく食べたオタマジャクシの三分の一ほどを吐き出させせられた〝ぷっくり腹〟イモリを地面に置いてやると、イモリは、**「あー、えらい目にあったよー」**とばかりに、やはり、正確に、山側をめざして歩きはじめた。

私は、**「あなた、どっちが山側だかわかるんだねー」**と思いながら、学生たちと一緒に見送ったのだが、そこで、再び、マヤのことを思い出した。

そうか、ひょっとしたら、マヤも、あの高山で、こ

“ぷっくり腹”イモリを地面に置くと、「えらい目にあったよー」とばかりに、山をめざして歩きはじめた

の〝ぷっくり腹〟イモリと同じような生活を送っていたのかもしれないなー。

つまりこういうことである。

高山でも、少し下りれば、山に降った雨や雪解けの水が、この程度の水たまりをつくることはあっただろう。

そして、少なくとも、一〇〇〇メートルくらいの高さなら、ヒキガエルは産卵するだろう。（それは過去の体験から知っていた。）それも、山に降った雨や雪解けの水で一時的にできた水たまりでも産卵する。

春になって、冬眠から目覚めたマヤも、山を少し下りて、そういった水たまりに行き、そこで（ヒキガエルのオタマジャクシにはかわいそうだけど）オタマジャクシを腹いっぱい食べて、また山頂にもどっていく……そんな生活をしていた可能性もある。しっかり食べて体力をつけていたのかもしれない。

私は、山で暮らすイモリたちのたくましい生き様を、また一つ、垣間見たような気がして、小さな感動を覚えたのだった。

さて、雰囲気的には、これで終わり、と読者の方は思われただろう。

実際、私自身も、そんな感じを覚えたほどだ。

でも、「芦津の森のアカハライモリとオタマジャクシ」の話は、これでは終わらなかったのである。

山に帰る〝ぷっくり腹〟イモリを見送ってから、一週間ほどして、今度は、**〝上から落ちてくるおびただしい数のオタマジャクシを、下で待ち構えるイモリ〟**に出合うことになったのである。

カエルの種類も、今度はヒキガエルではない。モリアオガエルという、その変わった習性から、天然記念物や絶滅危惧種に指定している自治体もあるような種類のカエルのオタマジャクシである。どんな習性か、それが〝上から落ちてくる〟ことにも関係するのだが、それも含めてこ

調査地から車で数分のぼった道路わきにあった直径10mほどの池。
背後にスギ林と自然林が混在し、手前に草地が広がる美しい景観の池だ

れからお話ししよう。

それは私が、さらに新しい調査地として、巣箱を設置する場所を探して、芦津の森を移動しているときのことだった。

慣れ親しんだ旧知の調査地から、車で数分のぼった道路わきに、直径一〇メートルほどの池があった。背後にスギ林と自然林が混在し、道路側には草地が広がって、美しい景観の池だった。

はじめて出合ったその池に、私は、直感的に豊かな生命の存在を感じ、とてもうれしい気持ちになった。ただし、その池の周囲には**少々奇妙な〝物〟が点在**していることも、もちろん見逃さなかった。

池のまわりに奇妙な〝物〟が点在していた。
拳大の白い物体で、水ぎわのスギやガマズミの枝に点々とくっついていた

奇妙な〝物〟――それは、拳大《こぶし》くらいの白い物体で、池の水ぎわにのびたスギやガマズミなどの枝に点々とくっついているのである。低いところでは水面から一〇センチ、高いところでは三メートルくらいの位置である。

私は、もちろん、それがなんであるかすぐにわかった。

モリアオガエルの卵塊である。

モリアオガエルは、アマガエルを二回り、三回り大きくしたような姿の、鮮やかな緑色のカエルである。比較的標高の高い山地に生息し、成体は基本的には樹上で生活している。そして、**日本のほかのカエルには見られない産卵習性**をもっており、それが、木の枝に産みつけられた白い卵塊、というわけなのだ。

水場に張り出した木の枝に、泡状のかたまりの中に練りこまれるようにして卵が生み出されていく。やがて、泡の表面は、乾燥して、内部の水分を逃がさないような構造になり、その内部で、孵化《ふか》が起こり、胚《はい》の発生も進んでいく。一週間もすれば、胚はオタマジャクシにまで成長する。

その後、雨が降ると、泡の表面はだんだんとほころび破れていき、中のオタマジャクシが泡から外に出て、重力にしたがって下に落ちていく。その落ちた先には水場がある、というわけである。うまくできているのだ。

さて、そんなモリアオガエルの卵塊が、一〇〇個近くも周囲を取り巻いている池である。私が、**見に行かないわけは絶対にない。**ありえない。

車を道路わきに止め、ワクワクしながら、好意の気持ちをもって池に近寄っていったら、ちゃんと**〝池〟も私の気持ちに応えてくれる**のである。

池の縁に立った私が池の中に見たものは、水底を動きまわる、たくさんのアカハライモリであった。**ぱーっと幸せ感が広がる**とともに、一方で、私は、モリアオガエルの卵塊とのつながりを、瞬時に理解するのであった。

「そうか、このアカハライモリたちは、モリアオガエルのオタマジャクシが上から落ちてくるのを待っているんだなー」と。

よく見ると、池の表面に、白い泡の一部がちぎれ雲のようになって浮いていた。

さらに水底をよく見ると、イモリにまじって、モリアオガエルのオタマジャクシらしきものが泳いでいた。早い時期に産みつけられた卵塊では、すでにオタマジャクシの落下も終わっていたのだろう。

「あのオタマジャクシは、イモリの存在を化学物質などを手がかりに知覚し、泳ぐルートを変えたりしているのだろうなー」（いくつかの研究で、ある種《しゅ》のオタマジャクシが捕食者の存在を、捕食者の体から出る化学物質によって認知することが知られていた）などと思いながら、水底を見ていると、どこからともなくイモリの雌が現われ、そのあとを追いすがるようにして雄が現われた。その様子は、いつ見ても、〝けなげ〟というか、〝あわれ〟というか、（雌に対して）**「おいっ、待ってやりなさいよー、聞くだけは聞いてあげなさいよー」**と思うのである。

雌に追いついた雄は、雌の鼻先に自分の首のあたりをくっつけて、折り曲げた尾を揺らしながら、雌に求愛を始めた。

そうすることによって、雄の肛門から雌の鼻先に向けて水流ができ、雄の肛門腺のニオイ物質が、雌の鼻に送られるのである。それが、雄からの求愛メッセージとして機能していることがこれまでの研究からわかっており、その〝ニオイ物質〟の化学構造まで明らかにされている。

ちなみに、私は、その肛門からの物質以外にも、雄の首の、繁殖期にふくれる突起からのニオイ物質や、やはり繁殖期に長くなる尾の先端突起が雌の鼻先に触れることも、雄からの求愛メッセージとして働いていると推察している。目下、私のテーマの一つである。

水底から水面に目を移すと、雌が水草に尾を巻きつけて、肛門を葉にこすりつけるような動作をしているのが見える。

雌は、産卵をしているのである。

アカハライモリの雌の産卵は、とても丁寧である。水草の葉を一枚折り曲げては、その間に一つ卵を産みつけ、また一枚折り曲げては、その間に一つ卵を産みつけ……、それを繰り返していくのである。

池の中には、周辺の木が倒れて静かに横たわり、数種の水草が繁茂し、何かとても神秘的な感じがする。

晴れわたった春の青空の下、そんな池の中のイモリたちをぼんやり見ていると、彼らの生活の息づかいが聞こえてくるような気になる。目と頭が冴えてくる。そして、それぞれのイモリの動きが妙にはっきりと見えるようになるのである。

私は、実は、その池で、アカハライモリの生態に関して、**何年間も気にかかっていたある疑問への答えを**

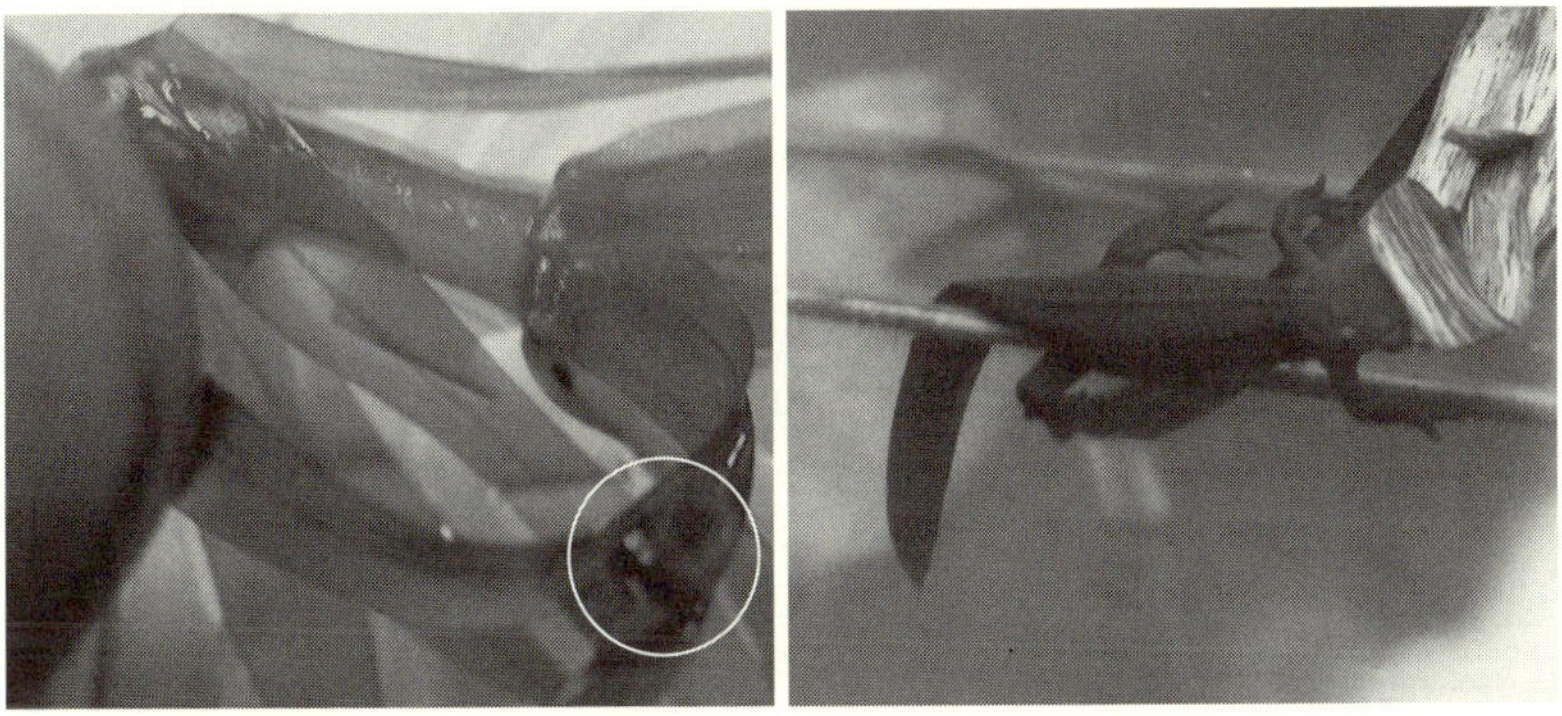

アカハライモリの産卵はとても丁寧だ。水草の葉を１枚折り曲げて、その間に卵を１つ産みつけ、また１枚折り曲げてはその間に１つ産みつけ、を繰り返す。○印が卵

確信することになったのである。実に簡潔明瞭に。

それは、おそらく、アカハライモリの生態を調べている多くの研究者が、疑問に思ってきたことでもあると思う。

少し、お話しさせていただきたい。

その疑問というのは、「水場での雌と雄が過ごす場所の違い」である。

以前、私は、大学の近くの河川敷に生息するアカハライモリの行動の性差について論文を書いた。

そのイモリたちが生息する水場は、樋門《ひもん》（水田や生活に必要な水を川から取りこんだり、余った水を川へ排出したりする、川に面した門）から流れ出た水が川に達するまでの間につくる、緩やかな流れの水たまりであった。

そこでの観察の結果、求愛期（春と秋）の雌と雄の行動の違いについて、いろいろなことがわかった。

たとえば、雄は水底を歩きまわる傾向が雌の場合より明らかに多く、一方雌は、水面近くに浮かぶ葉などに身を横たえている場合が雄より明らかに多い。

また、水たまりを外側から見た限りでは、水中に雌の姿はあまり確認することができず（雄の姿はたくさん見えるのに）、それではと、水たまり全体をたも網でガサガサすくってみると、やはり雌より雄のほうがずっと多いのである。

過去の論文を調べてみると、同じような現象を目の当たりにして、そもそも雌よりも雄のほうが多いのではないか、つまりアカハライモリでは、生まれてくる卵の性比が雄に偏っているのではないか、と推察している論文まで見つかった。

しかし一方で、たとえば冬、冬眠場所でじっと寄り添うようにしてかたまっているイモリ集団を調べてみると、特に雄のほうが多いわけではないのである。場合によっては、雌のほうがずっと多い場合もある。

さて、では**繁殖期、雌はいったいどこに隠れているのだろうか。**

それが長年の疑問だったのである。

「水場の外側からは見えず、たも網で探っても簡単にはとれない場所」となると、考えられるのは、「岸と水場の境目の、水ぎわを覆う草の葉の下、つまり茎や根がからみあう場所」である。

「では」と、そういった場所に手を入れて捕獲を試みても、運よく手を入れた場所にいるわけではない。（実際、その方法では雌を確認できない。）

「ならば」と、水ぎわの草の下を力を入れて探ってみると、たも網は草にはじかれる。もっと力を入れ、足で水ぎわを掘るようにして探ってみると、水は泥で濁り、イモリたちも逃げまわる。

結局、ほんとうのところはよくわからないのである。

そんなときに、芦津の「モリアオガエルのオタマジャクシとアカハライモリの池」（略して**芦津モリモリ池**と呼ぶことにした）のイモリたちに出合ったのである。

イモリたちの動きを見ていると、雄は水底でうろうろ歩きまわっている。一方雌は、時々どこからともなく現われて、雄に言い寄られて、

池の一角の水深が浅くなった、流れの緩やかな60cmくらいの小川のようなところに、雌のアカハライモリがたくさんいた。ここが繁殖期の雌の隠れ場所なのだ

郵 便 は が き

料金受取人払郵便

晴海局承認

9791

差出有効期間
平成28年 9月
11日まで

104 8782

905

東京都中央区築地7-4-4-201

築地書館 読書カード係 行

お名前	年齢	性別 男・女
ご住所 〒		
電話番号		
ご職業（お勤め先）		

購入申込書

このはがきは、当社書籍の注文書としても
お使いいただけます。

ご注文される書名	冊数

ご指定書店名　ご自宅への直送（発送料200円）をご希望の方は記入しないでください。

tel

読者カード

ご愛読ありがとうございます。本カードを小社の企画の参考にさせていただきたく存じます。ご感想は、匿名にて公表させていただく場合がございます。また、小社より新刊案内などを送らせていただくことがあります。個人情報につきましては、適切に管理し第三者への提供はいたしません。ご協力ありがとうございました。

ご購入された書籍をご記入ください。

本書を何で最初にお知りになりましたか？
□書店　□新聞・雑誌（　　　　）□テレビ・ラジオ（　　　　　）
□インターネットの検索で（　　　　　）□人から（口コミ・ネット）
□（　　　　　　）の書評を読んで　□その他（　　　　　　　）

ご購入の動機（複数回答可）
□テーマに関心があった　□内容、構成が良さそうだった
□著者　□表紙が気に入った　□その他（　　　　　　　　　）

今、いちばん関心のあることを教えてください。

最近、購入された書籍を教えてください。

本書のご感想、読みたいテーマ、今後の出版物へのご希望など

□総合図書目録（無料）の送付を希望する方はチェックして下さい。
＊新刊情報などが届くメールマガジンの申し込みは小社ホームページ（http://www.tsukiji-shokan.co.jp）にて

たいていは、**「あなた、タイプじゃないから」**みたいに雄を振りきって、岸のほうへ歩いていくのである。

そういった雌の中で、数匹、歩いていった先までずっと追跡できた個体がいた。

その個体が歩いていった先は、池のある一角の、水深がとても浅くなった場所であった。そこは、池の〝突起〟、あるいは池の〝角《つの》〟のような、とにかく池の一隅から、浅くて流れの緩やかな小川が、長さ六〇センチほどくっついている、と言えばよいだろうか。

雌イモリは、その〝突起〟のほうへ、水底から斜面をのぼるようにして歩いていったのである。

もちろん、私も、その〝突起〟がどうなっているのか行ってみた。すると、なんとそこには、たくさんの雌イモリが、枯葉などの下に、体の一部を隠して、じっとしていたのである。〝突起〟は水深が浅くなっているので、雌イモリの中には背中の一部が水面に出ているものもいた。

とにかく、雌がたくさんそこにいるのがよく見えたのである。

それで私は、了解したのだ。

ああ、**これが、繁殖期の雌の〝水ぎわの隠れ場所〟**なのだ、と。

つまり、平地の河川敷ではよく見えなかった水ぎわの状態が、芦津モリモリ池の水ぎわの

〝突起〟では、あまり遮るものがなく、よく見えたのだ。こういう環境は願ってもなかなかあるものではない。

そして、すぐに、次のように考えた。

「よし、今日はこれくらいにして、近いうちに、ゼミのＩｙくんと一緒に来て、捕獲してしっかりと調べよう。雌雄の確認、個体数、それぞれのイモリの体重、体長などを」

ちなみに、そう思ったのには、三つほど理由があった。

一つ目は、私が、「教員の鑑」と、時々言われているような気がするように、この興味深い事実が明らかになる過程を、学生たちにも体験させてあげたいと思ったからである。

二つ目は、卒業研究でＩｙくんが、「屋外の水槽内につくった、〝水〟と〝陸〟を備えた環境の中で、雄と雌は、それぞれどこに〝滞在〟する傾向があるか？　雌雄差はあるか？」について調べていたからである。芦津モリモリ池で見られた現象は、この研究と大いに関連していたのだ。

三つ目は、水場の〝突起〟の個体や（それらと比較するための）水底のイモリたちを、なるべくたくさん捕獲するためには、イモリ捕りのうまい学生の助けが必要だったからである。

私は、それから一週間ほどして、実際にＩｙくんと一緒に芦津モリモリ池を訪れ、できるだけたくさんのイモリを捕獲して大学に連れ帰り、捕獲した場所ごとに、性別、体重、体長を調べた。

そのとき、それぞれのイモリの腹の模様（アカハライモリは、その名のとおり、腹に、赤と黒のまだらの模様をもっており、その模様は個体によって異なっていた）も、写真を撮って記録した。

数百匹のイモリを調べなければならなかったので、別なテーマでアカハライモリのことを調べていたＦくんも手伝ってくれた。Ｆくんは、イモリの麻酔や体長測定に手なれていたのだ。

私は、その作業によって、先ほどからお話ししている「水場での雌と雄が過ごす場所の違い」について、しっかりしたデータを得たかったのであるが、実はもう一つ、調べてみたいことができていた。

それは、小さい水場で、ヒキガエルのオタマジャクシを食べて山へ帰っていくイモリを見送ったころから感じていたことだった。

芦津の森は、冬にはたくさんの雪が積もり、イモリたちは、その厳しい環境を耐えて生き抜かなければならない。私は、そういった彼らの生活の中で、カエルの幼生、つまりオタマジャクシを腹いっぱい食べる（そして体力をしっかりつける）ことが、とても意味あることなのではないか、と感じていたのである。

そして、その影響を検討するための一つの方法として、「あの、〝たわわに実る〟モリアオガエルの卵塊からオタマジャクシがどんどん落ちてくる前と後とで、それぞれのアカハライモリの体重にはっきりとした変化が表われないか」を調べたいと思ったのである。

つまり、もし、〝オタマジャクシがどんどん落ちてくる前〟よりも、その後（その後といっても、直後ではなく、一カ月くらいあと）で、個々のイモリの体重が重くなったとしよう。そして、それが冬に向けてだんだんと目減りしていくようなことが起こったとすれば、それは、オタマジャクシを食べたことが、重要な栄養摂取となったことを示唆するのではないか、と思ったのである。

オタマジャクシには気の毒だが、それが山で暮らすイモリたちのたくましい生き様の一部なのかもしれない、と思ったのである。

私は、夏にも、芦津の森の比較的標高の高いところで、アカハライモリに出合った。天然林

芦津の森の標高の高いところにも、アカハライモリはいた。
下は森で出合ったアカハライモリ。倒木の下でじっとしていた

の倒木の下にじっとしていた。

それは、皮膚のゴワゴワとした感じといい、愛嬌たっぷりの顔といい、私にとっては忘れられない「マヤ」に似ていた。マヤと同じく雌であった。

マヤは今、標高一五〇〇メートルの氷《ひょう》ノ山《せん》の頂上付近で、元気に暮らしているだろうか。

そして、このイモリも、芦津の厳しい冬を耐えて、これからも生き抜いていけるのだろうか。

「あなたもオタマジャクシ、食べたの？」、そう聞きたい気分であった。

最後に、Ｉｙくん、Ｆくんと採集したイモリたちについての、解析結果についてお話ししておこう。

いちばんの関心事だった、池の〝突起〟部にいたイモリ六五個体はすべて雌だった。

一方、池の本体になる、深い部分にいた一四二匹のイモリは六八パーセントが雄だった。まったく私の予想どおりだった。

もう一つの関心事、「〝オタマジャクシがどんどん落ちてくる前〟よりも、その後では、個々のイモリの体重が重くなるかどうか」については、現在解析中である。

数日後、Ｉｙくんと採集してきたイモリたちを、芦津モリモリ池まで放しに行き、それから一カ月ほどして、今度はＩｙくんとＦくんと一緒に、再び採集しに行った。予想したように、モリアオガエルの卵塊はほとんど崩れ、木の枝には卵塊の残骸がくっついていた。

一カ月の間に、小さなオタマジャクシはほとんど池に落ち、待ち受けていたイモリたちの腹を満たしたことだろう。

再びイモリたちを採集して、大学で、性別・体重・体長を調べた。

一カ月をはさんだ体重の増減を比較するのは、同一のイモリでなければならない。同一のイモリの判別は、イモリの顎から腹にかけての、赤と黒のまだら模様のパターンを比べれば容易にできる。

モリアオガエルの子ども（左）とアカハライモリの子ども（右）が、池の水深の浅い“突起”部で休んでいるところ

さて、読者の方の中には、イモリがモリアオガエルの子ども（オタマジャクシ）を食べつくしたら、その区域からモリアオガエルはやがていなくなってしまうのではないか？と心配される方がおられるかもしれない。

ご心配にはおよばない。イモリがオタマジャクシを全部食べることはありえない。モリアオガエルのオタマジャクシの数が多いからである。

そしてそのうち、オタマジャクシも成長して、イモリには食べられないくらいの大きさになるのである。

ＩｙくんとＦくんと採集に行ったとき、すでにかなり大きくなっていたオタマジャクシもたくさん泳いでいた。

一方で、アカハライモリが産んだ卵も孵化し、子どももたくさん泳いでいた。

前のページの写真は、ある程度大きくなったモリアオガエルの子ども（左）とアカハライモリの子ども（右）が、池の〝突起〟部で並んで休んでいるところである。

ちょっと複雑な気もするが、ほほえましい気もした。

自然はそうやって淡々と生を続けていくのだろう。

下から私をにらみつけた
母モモンガの話

私に巣箱を開けられたけど、
立派に子どもを育て上げたのだ

読者のみなさん。下の写真に見覚えはありませんか。

見覚えがある方は、〝先生!〟シリーズ第五巻『先生、キジがヤギに縄張り宣言しています!』を読んでくださった方だ。

見覚えがない方は、……まー、そういうことだ。

忘れもしない。二〇一〇年一月二四日。私は、学生二人と一緒に、雪のつもった森の中で、そのモモンガに出合った。

そのモモンガは、われわれを見つめていた。スギの木の、地上六メートルの高さに設置した巣箱から顔を出し、出口のところにある〝ひさし〟というか〝ベランダ〟というか、とにかく

2010年冬の山中で出合ったモモンガ。私とモモンガのおつきあいは、ここから始まった

板の出っ張りの上に上半身を乗り出して、明らかにわれわれを見つめていた。モンマルトル通りの石造りの家の窓から、おしゃれな女性が通りを眺めているような感じだ。

それが、私と野生のモモンガの最初の出合いだったのだ。

そこは、鳥取県の智頭《ちづ》町芦津《あしづ》の山村の森であった。

スギの植林と自然林が入りまじり、その中を渓流が走り、その渓流に沿うように遊歩道がつけられていた。

私は、二〇〇九年八月に、学生たちと一緒にその遊歩道の周囲の樹木に一〇〇個ほどの巣箱を取りつけ、樹上性の小型哺乳類や鳥類の生息・生態調査を始めたのだった。二〇一〇年一月までに、調査は六回ほどを数えていた。

さて、次に私が森に入ったのは、それから二カ月ほどが過ぎた、二〇一〇年四月のはじめだった。二月になるとかなりの積雪があり、森はまったく人間を寄せつけなかった。雪がある程度解けてくれる四月まで、待たなければならなかったのだ。

森に入って、巣箱をつけている最初の木に梯子をかけてのぼりはじめると、すぐに、その日の**波乱を直感させる出来事が起こった。**

ツピーッ、ジュクジュクジュクジュクッ。ツピーッ、ジュクジュクジュクッ。

二羽のシジュウカラが私の近くの木にとまって何度も鳴いた。時々私の頭上、数メートルのあたりを飛び交った。

あーこれは、**シジュウカラが私に向けてモビングしている**のだな、とすぐにわかった。

モビングというのは、魚類や鳥類、哺乳類で知られている対捕食者行動だ。捕食される側の動物が、距離を保って捕食者に近づき、警戒声を発したり、攻撃的な行動を繰り返す現象である。

特に鳥類で発達しており、たとえば、マガモたちが池を泳ぎながら採食しているとき、池のほとりにキツネが姿を見せたとしよう。それに気づいたマガモたち

シジュウカラが私に向けてモビングして、立ち去らせようとしている。
ということは……

は、キツネの近くまで接近し、集団でガーガー騒ぎ立てるのである。

一方、捕食される側の動物がモビングする理由として、モビングの次のような効果が知られている。

捕食者の存在をほかの個体に知らせる。

もう気づかれていることを捕食者に知らせ、狩りの気分を低下させる。

安全を保ちながら威嚇的・攻撃的な行動を行なうことによって、捕食者をその場所から退散させる。

つまり、シジュウカラ（のおそらく番《つがい》）は、ツピーッ、ジュクジュクジュクッと鳴いたり、頭上を飛び交うことによって、梯子をのぼっている大きな動物（つまり私）に、狩りを思いとどまらせ、その場を立ち去らせようとしたのである。

でもその動物には、モビングは効かなかった。逆に、

やっぱり。思ったとおり、巣箱の中に卵があった

梯子の先にある巣箱の中に、卵かヒナがいる可能性を感じて、ちょっと見るだけだから、とばかりに勇んで梯子をのぼりはじめた。

はたして、その巣箱を開けると、巣の内部には、白地に茶色のシミがついたような模様のきれいな卵が五つ、産みつけられていた。

ちなみに、その後の調査でシジュウカラの巣は何例も見つけたが、少なくとも芦津の森では、シジュウカラの巣には、例外なく、哺乳類の毛と思われる（いや、まず間違いない）白い毛が、巣材のコケの中に編みこまれるように入っていた。その多くは、おそらくシカの毛だと私は思っている。

私は、見事なシジュウカラの卵の写真を撮って、依然として鳴きつづけるシジュウカラたちに、ゴメンゴメンと言いながら巣箱の蓋をして、梯子を下りた。

親鳥が卵を見捨てたりはしないか？

そう思われる読者の方もおられるかもしれない。それは大丈夫。

では次の木である。

私は、一〇メートルほど離れた次の木まで梯子を運び、また、地上〇・五メートルと三メートル、六メートルの高さに設置している巣箱を点検した。この木の巣箱には何も入っていない。よしでは次、……このようにして調査は続くのである。

さて、そのようにして三本ほどの木の巣箱を点検し終わり（二つの巣箱に、その前の年にヒメネズミが繁殖に使ったと思われる巣が残っていた）、次の木に移ったときである。**私の胸は、少し高鳴っていた。**

というのも、その木は、一月の調査のとき、おしゃれなモモンガが窓から顔を出してわれわれを眺めていた、その巣箱がある木だったからである。

おしゃれなモモンガの家を訪ねるような気分で梯子をのぼり、（ノックはしなかったが）巣箱の蓋を開けたときだった。なんとそこには、巣箱からはみ出さんばかりにびっしり詰まった、細かく裂かれたスギの樹皮のかたまりがあったのだ。

それは、私が生まれてはじめて目にするものだったが、そこはそれ、私くらいの経験と知識と洞察力と人格を兼ね備えた動物行動学者になると、それが何であるか、大体わかるのである。

山間で育ち、小さいころからそのニオイになじんでいたスギの皮の香りにまじって、これまで一度も嗅いだことのない、独特の、でも何か懐かしいニオイが、巣箱から漂ってくるのを私は見逃さなかった（臭い逃さなかった）。私の脳が、一瞬沈黙したあと、その懐かしいニオイは、シマリスのニオイにどこか似ていると言ってきたのだ。（モモンガは、シマリスと同じ齧歯目《げっしもく》リス科に属する。）それでもう私は、すべてを理解した。

モモンガの巣だ。

心臓がドキドキしてきた。

私は、とりあえず、今、巣の中に動物がいるのかどうか調べようと、手袋をはめた手を巣材の中にゆっくりと滑りこませた。すると、指先が、明らかにスギの樹皮の感覚とは異なる、柔らかいかたまりに触れた。

と、そのときである。

巣箱の上部の穴から、**何かが飛び出して、ぱっと飛んだ**のである。ぱっと。

もちろん私にはすぐわかった。

冬に出合ったモモンガがいた巣箱だ。ドキドキしながら蓋を開けてみた。
中には細かく裂かれたスギの樹皮がいっぱい詰まっていた。これは……

モモンガだ！

モモンガは、斜めに滑るように落下しながら、隣の木に、見事に、へばりつくように着地した。

そこで私は、梯子の上から、モモンガの全身の姿を見ることになった。

二カ月前に、地面から見上げたおしゃれなモモンガとは、また違った顔がそこにはあった。幹にへばりついたモモンガの顔は、目が大きくかわいくはあったが、野生動物の精悍さのようなものを感じさせた。

余談だが、モモンガが滑空して隣の木に着地する姿を見て、私は、なぜモモンガの鼻や口（両方をあわせた部分を動物学では、吻《ふん》と呼ぶ）が、イヌのように前に突出しておらず、小さくて退縮しているのかがわかったような気がした。もし、吻が突出していたら、幹

モモンガだ！　巣箱の上部の穴からぱっと飛び出して、隣の木にへばりつくように着地した

にへばりつくように着地したとき、その吻が幹にぶつかってしまうだろう。

つけ加えておくと、「(人一倍、いやリス一倍)大きい目」「左右の視野が大きく重なるような(つまり、前から顔を見たとき、両目ともはっきり見えるような)位置についた目」は、夜行性で、光の少ない闇の中を、前方の木までの距離を把握しながら滑空するモモンガにとって、重要な武器なのである。

さて、隣の木に着地したモモンガは、幹にへばりついたまま動こうとしない。

私は、そのモモンガの次の動きにも注意を向けつつ、目前の巣箱の中の巣がどうなっているのかよく見ようと、今度は大胆に巣材をかき分

モモンガの吻(鼻と口まわりをあわせた部分)は突出していなくて、小さい。目は大きく、両目の視野が大きく重なるような位置についている。髭が長いのも特徴だ

けて内部を見はじめて、**またまたびっくりした。**

なんと巣の中から、**モモンガの、まだ毛も生えていない、目も開いていない子ども（！）**が出てきたではないか。かすかに、クー、クーといったような鳴き声が聞こえる。

シマリスの子どもの状態から考えて、生まれて一週間はたっていないだろう。

私は、ほかにも子どもがいないかどうか調べ、その子だけであることを確認して、巣と子どもを、急いで元どおりの状態にもどして巣箱の蓋を閉めた。

ただし、私が確認した、重要だと思われたことだけは、しっかりと頭に刻みこんでおいた。

「子どもは一匹だけだった（つまり、産仔数《さんしすう》は1だ！）」

「この時点で、子どもの四肢《しし》の間には、すでに飛膜《ひまく》が

巣の中をよく見ようと巣材をかき分けて、またまたびっくり。
なんと、目も開いていない子どもがいた！

あった！」

ちなみに、日本にはニホンモモンガとエゾモモンガがいて、本州に生息するのはニホンモモンガである。

北海道に生息するエゾモモンガは（北海道にはムササビがいないこともあって）、人間の居住地近くの低地にも生息しており、研究が進んでいるのに対し、本州の高地に生息するニホンモモンガはあまり研究が進んでいない。ニホンモモンガについては、野生での産仔数を含めた基礎的なデータも重要なのである。

私は、急いで梯子を下りてその場から立ち去ろうと、隣の木にへばりついているはずのモモンガ（母親だったんだ！）に目をやると、そこに母親の姿はなかった。

「えっ！」と、あたりを見わたした**私の目に飛びこんできた光景に、またまたまた驚いた。**

母モモンガは、私の下にいるではないか。

つまり、へばりついていた木から、私が気づかないうちに、私が梯子をかけている木、つまり子どもがいる巣箱がある木に移動していたのである。そして、**私のほうをしっかりとにらみ**

つけているのである。少なくとも私には、そう感じられた。子どもを守ろうとする親の気迫のようなものも感じられた。

これはまた困った。私は退路をふさがれたような気持ちになった。

「おい、オレは巣から離れようとしているんだから、そこ、どいてよ。オレ、動けないじゃあないの」みたいな思いである。

しかし、そこはよくしたものだ。私は、最終的には救われるのである。芦津の大いなる自然の神はやさしいのだ。

母モモンガは、ほどなくスルスルと上へ上へと移動し、私が梯子にへばりついている側とは反対側にまわって、さらに私より上へ上へとのぼっていったのである。

私が梯子をかけてのぼっている木の下にやって来た母モモンガ。私をカッと見すえている。母モモンガの下には、地上3mのところに設置している巣箱の"屋根"が見える

よし今だ。

私は、素早く、しかしなるべく静かに梯子を下り、梯子をはずしてその場を離れた。離れて、その後の様子をじっと見つめていた。

すると、しばらくして母モモンガは、上から巣箱のところまで下りてきて、巣箱の入り口からするっと中へ入ったのである。

バンザーイ!

その後、子どもをともなっていないモモンガが、私が蓋を開けた直後に巣箱から飛び出したことは何度かあるが、少なくとも私が見ている間に巣箱にもどった例は、一度もない。子を思う母の気持ち……ということなのだろうか。

ちなみに、以後、私は、そのときの出来事を、〝母モモンガにらまれ事件〟と呼ぶことにしたのである。

さてでは、その〝母モモンガにらまれ事件〟後、この母子モモンガはどうなったか?

これがまた、なかなか楽しませてくれるのである。

〝母モモンガにらまれ事件〟のあと、一カ月ほど経過して、私はまた巣箱のチェックに行った。（一〇〇個程度の巣箱のチェックは、一カ月に一回くらいの間隔で行なっている。あまり頻繁に巣箱を調べて、動物たちが巣箱を敬遠するようになる可能性を考慮してのことである。私もこれでいろいろと考えているのだ。）

その日は、モモンガには全部で一五匹ほどと出合うことができた。

鳥取県を含め、ニホンモモンガをレッドデータブックにあげている自治体も多いなか、この数は驚くほど多い数だと思う。（ちなみに、あとでわかってくるのだが、この調査地では、モモンガはおもに三月から五月にかけて繁殖を行なう。一五匹のモモンガに出合えたのは、そのせいだったのである。ほかの時期にはそれほどたくさんのモモンガには出合えなかった。）

もちろん、モモンガのほかにも、樹上性の哺乳類だけで、ヤマネやヒメネズミが確認されている。つまり、私が調査地に選んだ芦津の森は、野生生物に富んだ豊かな森というわけである。

そして、その一五匹のモモンガの中には、その母子モモンガもいた。母子は、前回と同じ巣箱に入っていた。

〝母モモンガにらまれ事件〟後、私のモモンガの調査法も型が決まり、「巣箱の中に動物の気配を感じたら、まず出入り口をふさいで、巣箱ごと地面に持って下り、地面で網袋の中にモモンガを追い出す」というやり方を開発していた。

そのようにして、地面に下ろして、網の中に入れた巣箱からは、最初に母モモンガが飛び出し、やがて子モモンガが出てきた。

子モモンガの愛らしさといったら！

筆舌につくしがたいというのは、ああいうことを言うのだろう。

それからさらに一カ月ほどして調査に来たときに、**またまた子モモンガがやってくれた。**

その日は、調査の開始時間が遅れ、夕闇が近づきはじめたころだった。

順番に、木につけた巣箱を調べていき、その木にやって来た私は、梯子をかけようと木を見上げた。すると巣箱の〝ベランダ〟から、子モ

子モモンガの愛らしさといったら！　もうなんとも言えない

モンガが、下にいる私を見つめているではないか。**「おじさん、また来たの?」**みたいな感じである。

もちろん、私には、そのモモンガが子どもであることはすぐわかった。大きさや、顔つきからわかるのである。そして、それがあの子どもであることも、なんとなく確信した。顔に、一カ月前の面影が残っていた、と言ったら言いすぎだろうか。

私は、何かとてもうれしくなり、正面から顔が見たくなって(そしたら何か会話でも交わせるような気分になって)、梯子を置いて、静かに斜面をのぼりはじめた。つまり、その木は斜面に生えており、斜面をのぼることによって、私が、子モモンガの高さに近づいていけたわけ

子モモンガが巣箱から顔を出していた。「おじさん、また来たの?」

だ。

そして、しばらくのぼってから、子モモンガのほうをゆっくり振り返った。すると、予定どおり、子モモンガと同じくらいの目線で見合うことになった。ところがそうなると、今度は子モモンガが動きはじめた。

おそらく、同じ高さで、大きな動物の目と対面したので、怖くなってきたのではないかと思う。**何か、ソワソワしてきた**のである。

そして、次の瞬間、**子モモンガは、なんと、……飛んだのだ。**

巣箱の〝ベランダ〟をけって、ぱっと空中に身を投げたのである。

姿もなかなかいい。

四肢が開いて、その間の飛膜も広がっている。

私は、ほーっと思った。まだまだ幼いように思えた子モモンガだが、もう飛べるんだ。へー、そうなのか。もうこれくらい成長すれば飛べるのか。

でも、そうではなかったのだ。格好はいっぱしの滑空姿勢だった**が、体は滑空しなかった。**飛膜を開いた状態で、ほとんどそのまま下へ下へと落ちていった。落ちて、地面に不時着してしまったのだ。

不時着した子モモンガが次にとった行動は？

子モモンガは、地面を這うようにして移動し、すぐそばの、巣箱が設置されていた木の根元まで到達すると、その木をスルスル上へ上へとのぼっていき、巣箱のところまでのぼると、急いで巣箱に入ってしまったのだ。

一連の、子モモンガの行動を見ていた私は、心の中で思ったのである。

「もとにもどるんだったら飛ぶなよー」

思うに、私が、眼下にいたときは、心にゆとりがあったのだろう。しかし、私と正面で目が合った子モモンガは、一種のパニックになったのではないだろうか。気が動転して、思わず、後先考えずに、飛んでしまったのではないだろうか。かわいいではないか。

でも、私がもしキツネだったら、危ないところだったぞ。キツネだったら、わざわざ斜面をのぼって、同じ高さから顔を見ようとしたりはしないだろうけど。

その後、私は、梯子でその木にのぼり、巣箱を持って下り、母モモンガと、あわてものの子モモンガを確認したのだった。

前回から、個体識別のために、尾の毛を個体ごとに異なったパターンで刈っていたので、母モモンガがあの母モモンガであることが確認できた。体重を測ると、子モモンガは六三グラムだった。成獣の約半分の重さである。

あのとき、木の下から私をにらみつけた母親は、立派に子どもを育てたのだ。

それから、また一カ月して調査に行ったとき、もうその母子はその巣箱にはいなかった。数カ月過ごした巣を、親子ともども後にしたのだろう。子モモンガも、きっと颯爽と飛べるようになったにちがいない。

こんな出合いがあると、なおさら、モモンガの棲む森がいつまでも続くことを祈らずにはいられない。

先生、モモンガの里に「ももんがの湯」ができました！

「ももんがの湯」と「モモンガの巣」、
どちらもスギの香りの中でリラックスするのだ！

ここだけの話であるが、私は、〝野生生物と触れあう楽しみ〟以外にも、〝日本や地球の環境問題〟について、その改善のための方策をたえず考えているのである。

それは、子どものころ、親の言動に学んだ博愛の精神もさることながら、私自身の子どものためでもあるのだ。

環境問題の本質的な原因は、「経済活動の発展を引き起こす人間の情報処理能力」と「〝コモンズの悲劇〟を引き起こす人間の心理特性」にある。

少し説明したい。

人間にとって「経済活動」「経済の発展」とは、何か。

原因は人間の、〝快さ〟を求める欲求である。（ちなみに、その欲求は、狩猟採集という人間本来の生活環境のもとでは、自分の生存や繁殖に有利な状況を生み出すものであった。）

衣・食・住などについて、より大きな快さを求める欲求にもとづき、個々人が、自然物に働きかける。人類史の初期の段階なら、自分の筋肉のエネルギーや、水や石が落下するときに発生するエネルギー、枯れ木を燃やして発生するエネルギーなどによって、自然物（植物や動物、鉱物など）から、もとのものより〝快さ〟を増したものをつくり出す。

たとえば、寒さを防ぐ衣類は、植物の繊維や動物の毛皮にエネルギーを加え、加工してつくられる。自分や家族の食べものになる肉は、自然界を勝手に行き来する動物を、狩りなどにともなうエネルギーを使い、自由にいつでも食べられる形に変えてつくられる。

人類の初期には、それらの加工品は、物々交換という形で手に入れていた。やがて、貨幣が生まれ、貨幣をはさんで加工品と加工品とが交換されるようになった。（経済現象を生物学的に理解するときには、この貨幣は省略して考えたほうがいい。要は、加工品と加工品の交換である。）

人間は、事物の変化の因果関係を、緻密かつ大規模に推察する能力をはじめとする〝情報処理能力〟をもっている。その能力をもとに、自然の中に存在するエネルギーを利用する方法を、学習や継承によって改良する。また、エネルギーを利用して自然物をより効果的に変化させる道具・機械をつくった。そうして、自然物を変化させる活動は徐々に加速した。

膨大なエネルギーを生み出す石油・石炭の発見は、その加速にさらに拍車をかけ、衣・食・住などに関して、より大きな〝快さ〟を与える加工品をつくり出していった。

映画やコンサートといった〝快さ〟を感じさせてくれる刺激発生品もそうである。医療品や薬などのような、〝不快さ〟を減少させてくれるものも、結局は、〝快さ〟発生品である。

エネルギーを使って自然物を変化させ〝快さ〟発生品をつくり、〝快さ〟発生品を取引して、私たちは生きているのである。それが経済活動である。一見、複雑に見えても、起こっていることはまったく単純なのである。

一方、経済が発展している状態というのは、「人間が、〝快さ〟発生品を貨幣で買いとる作業が順調に進み、その〝快さ〟発生品をつくり出した人に貨幣がわたり、その人も〝快さ〟発生品をしっかり買う――そのサイクルが順調に、少しずつ勢いを増しながら進行している」という状態である。

ではなぜ、少しずつ勢いを増すのか。

それは、エネルギーの消費が増えたり、エネルギーの利用効率がよくなって、より多くの〝快さ〟発生品がつくられるようになるからである。人間の〝快さ〟を求める欲求は限りがないのである。

一方、「コモンズの悲劇」というのは、次のような状況である。

そのまま続けると、やがてそこでは自然資源が荒廃し、〝快さ〟発生品をつくることができなくなることがわかっているのに、誰も〝快さ〟発生品づくりをやめない。

なぜやめないのか。

それは、一人ひとりが「自分がやめても、どうせほかの誰かが、〝快さ〟発生品づくりを続けるのだから、だったら自分も〝快さ〟発生品づくりを続けよう」と思うからである。

自然資源が荒廃し、〝快さ〟発生品をつくることができなくなることは大きな損失だが、自分だけ、それを途中でやめるほうが、損はさらに上乗せになる、と考えるのである。

〝快さ〟発生品をつくればそれだけ、自分もそれを交換して〝快さ〟発生品を手に入れやすくなる。逆に、〝快さ〟発生品づくりを遅らせれば、自分の手に入る〝快さ〟発生品は少なくなる。場合によっては、誰も交換してくれなくて、他人から〝快さ〟発生品を手に入れることがまったくできなくなることもありうる。たとえば、製品の質が劣ったり、価格を下げられなかったりして顧客を失う、という場合がそれである。

だから、自分を守るために、〝快さ〟発生品づくりに、いつも、よりいっそう、努力しつづけるのである。つまり、貨幣を媒介にしての〝快さ〟発生品の交換がうまくいっている限りは、経済は発展してしまうのである。

それが、モモンガの森や「ももんがの湯」とどう関係するのか？

読者の方は、そう思われるかもしれない。それももっともだ。

実は、私も、「経済」について最近考えたことをちょっと書いてみたいと思っただけで、深い意味があったわけではない。

でも、もうしばらく待っていただきたい。無理やり関係させてご覧にいれるから。

言うまでもなく、さまざまな野生生物や、水、大気、土壌などがつながりあって、物質がスムーズに循環する生態系こそが、人間の命を支えている。地球上の生態系＝自然資源に、〝コモンズの悲劇〟が襲いかかれば、もちろん人類は生きていけない。

では、「経済活動の発展を引き起こす人間の情報処理能力」と「〝コモンズの悲劇〟を引き起こす人間の心理特性」が、限度を超えて生態系を破壊しないようにするためにはどうすればよいのか。それには、二つの力をうまく方向づけして、あるいは、二つの力をうまいシステムの中に組みこんで、生態系を破壊しないような力に誘導することが必要である。

さて、私は、先の章でお話ししたように、鳥取県智頭町《ちづ》芦津《あしづ》の森で、ニホンモモンガを中心とした野生生物の行動・生態を調べている。それぞれの動物の生活をただただ知りたいという思いがあるのだが、一方で、そうして得られた知見を、彼らの生息地を守ることにもつなげたいと考えている。

そして、そういうことを一生懸命考えていると、必然的に次のような思いに行きつく。

モモンガたちが棲む森を所有する地域の人たちが、その森を守ることによって、実感として、具体的な利益を得ていると感じられるシステムが必要だ。

たとえば、私の研究の成果を利用して、〝ニホンモモンガが棲む森〟をアピールした、安全で美味しい水を、都市部の人たちに買ってもらう、というシステムである。

それは、モモンガたちを守ることにつながるし、安全で美味しいし、都市部の安全な生活を

モモンガの棲む森を守るために、
“モモンガの森の水”を売り出してはどうだろう

支えている源流の森を保全することにもなる。それをしっかりアピールできれば、都市部の人たちは、大手企業の水より優先して、〝モモンガの森の水〟を買ってくれるかもしれない。

もちろん現在、日本中のさまざまな場所で、こういった視点からの取り組みは行なわれている。各地で行なわれているエコツーリズムもそうだし、地域の自然環境の指標になる動物をシンボルにした、たとえばコウノトリ米の生産・販売もそうである。

私が智頭町芦津で、地域の方々と一緒に取り組んでみたいと考えていることも同じである。ただし、強いて言うならば、その取り組みの起点が、生粋の動物学者（すいません。私のことです）である場合は、全国でも多くはないのではないだろうか。つまり、**野生生物の研究の中に、はっきりと、地域の活性化という取り組みを織りこんだ**事例は少ないのではないだろうか。


思い立ったらすぐ行動。それが私の信条である。（ウソである。ほんとうは、単にがまんする大人の力が欠けているだけである。）

私は、必死で、芦津のニホンモモンガやヤマネやヒメネズミやアカネズミやヤマガラやシジュウカラやヒキガエルやアカハライモリや………などの野生生物たちが生息する森をアピールすることによって、地域の活性化、地域の利益につながるアイデアを考えた。そして、それを地域の人たちに聞いてもらうべく行動を起こした。

私が森の調査でお世話になっている芦津地区の区長さんたちに連絡して、場をもってもらったのである。忘れもしない。二〇一一年三月である。芦津にはもちろん、まだかなりの雪が残っていた。

場所は、芦津の寄り合い所のようなところだった。区長のＴさん、芦津の広い森（芦津の共同の森で財産区と呼ばれていた）の管理の代表者のＡｓさんたちが集まってくださった。

ちなみに今思うと、そのあたりのやり方が私らしいと思うのである。つまり、組織的でない。**鉄砲玉のように、一人で走っていく……**。

思い立ったらすぐ行動。いろいろな生き物が生息する芦津の森をアピールすることが、地域の利益につながるアイデアを、地域の人たちにさっそく聞いてもらった

私は、まず率直に、私の思いや、なぜそんな提案をするのかについて話をした。

前者については、「アピール性があるニホンモモンガをシンボルにして、森の保全と地域の活性化をつなげたい」と話し、後者については「野生動物の生息地保全に関する、私の研究として挑戦してみたい」と話した。

モモンガの森に棲む動物たちについての、それまでの調査結果や、モモンガの写真や巣箱にモモンガがつくった巣なども持っていって、一生懸命話したのだ。

繰り返しになるが、そこで私がしゃべったことは以下のようなことである（要約すると）。

芦津と大学とで、「芦津の財産区の森を、大学が研究や実習などに使わせてもらい、同時にそれを通して、財産区が森としてもっている価値を明らかにしていく」という内容の契約を結び、私は、野生生物の調査を一年半ほど行なってきた。

その中で、その森林には、ニホンモモンガやニホンヤマネをはじめとした貴重な哺乳類や鳥類、県のレッドデータブックにも掲載されている両生類や爬虫類などが生息していることがわかってきた。

また、特に、ニホンモモンガについては、個体識別も行なって、行動や生態について調べ、いろいろなことがわかってきた。

芦津は林業がさかんな土地であり、よく手入れされたスギの林が、まばらに自然林を残しながら広がっている。モモンガはそういった場所を好み、巣材には必ずスギの樹皮をたくさん使い、自然林に接したスギ林に設置した巣箱の利用率がいちばん高い。そういう場所の巣箱で、たくさんの雌が出産し子育てをしている。

この森の保全と地域の活性化がますます進むように、まずは、ニホンモモンガをシンボルにした産物の案を考えてきた。（その一つが〝モモンガの森の水〟である。）

また、モモンガたち野生生物の森での生活について、地域の人たちにもいろいろ知っていただきたいので、森の中での説明会も開きたい。

（最後に）この取り組みは私の研究でもあり、研究は、この取り組みがうまくいくことで価値が高まる。意義が増す。だから、私にできることは精一杯やらせていただくつもりだ。

ついては、これらの取り組みについて是非検討していただきたい。

まー、こういったことを一生懸命、率直にしゃべったわけである。

ところで、智頭町という町は、そもそも、過疎化、高齢化といった、日本各地の農村が直面している問題に、**豊かな自然と豊かな発想力で対抗している町**である。

その一つが、林業がもついろいろな可能性を引き出す取り組みであったり、森林セラピーであったりする。

森林セラピーについては、ちょうど、そのセラピーのための山道（セラピーロード）の一部と交差するように私の調査地が広がっていることもあり、また、私自身も、自然が人間の脳に及ぼす影響にはずっと興味をもってきたこともあり、大変注目している。

私は、町長さんのお話を直接読み聞きしたり、間接的に聞いたりして、町長さんが考えておられる構想を次のように想像している。

一言で言えば、「ナチュラル・ホスピタル」である。

つまり、自殺者が年間三万人という痛ましい日本の社会にあって、特に、都市部でストレスに囲まれながら過ごすサラリーマンの人や、ストレスを浴びながら育っている子どもたちにとって、豊かな自然がもつ治癒力は、大きなサポートになるのではないか。そして、そのサポートの形態の一つが、森林セラピーなのだ。もちろん、ほかにも、自然を利用したさまざまな〝サポート〟を考えておられるにちがいない。

私の推察、どうですか。町長さん。

ちなみに、私は、〝ニホンモモンガをシンボルにした産物〟の中に、芦津の森・エコツーリズムも考えている。

私の調査地を中心にして広がる森や渓流や道のわきには、アカハライモリやブチサンショウウオの生息地やモリアオガエルの産卵地、カジカガエルが鳴く水辺、シカが夜通る道（シカはスギの苗などを食べて被害を与えるのであるが、間近で見るとやはり迫力がある）などがある。

それらを利用して、モモンガの調査の体験や、イモリやカエルの繁殖の観察、渓流での魚とりや水遊び、夜の森探検、豊かな森を素材にしたミニ地球づくり（ミニ地球については次の章で。さらに詳しく知りたい方は、『先生、子リスたちがイタチを攻撃しています！』をお読みください）といったエコツアーを組み立てるのである。

そして、これも、「ナチュラル・ホスピタル」のメニューの一つということになるだろう。

こういった下地がある智頭町、さらにその中でも、豊かな森林を有し、森林セラピーの拠点でもある芦津で、私が、「アピール性がある**ニホンモモンガをシンボルにして、森の保全と地域の活性化**をつなげたい」と思うようになったのも、偶然ではない気がする。きっとそこには、私をそういう気持ちにさせる力があるのだ。

さて、区長さんたちは、その場ですぐに私の話を的確に理解してくださった。そして、是非、その取り組みを進めてみたい、と言ってくださったのである。

私はそのとき思ったのである。

おー、これはかなりいい状況になってきた。鉄砲玉のような私の行動がそれなりに芽を出すかもしれない。やってみるものだなあ……と。

しかし、冷静に考えてみると、それは、私の説得力と可能性を秘めた計画、そして芦津の方々の前向きなチャレンジ精神（それと鉄砲玉に対する思いやり）があって、はじめてできた芽だったと思うのである。ナンチャッテ。


ところで、この提案をお話しするにあたって、**私には、私なりのこだわりがあった**。

それは、芦津の人たちもほとんどご存じなかった（ましてや、芦津の森に棲んでいることもご存じなかった）「モモンガ」という動物について、是非、よく知っていただきたい、ということである。

それにこだわる理由は二つあった。

一つは、モモンガをシンボルとした商品やエコツーリズムが、地域の人たちの力でできたとして、そのモモンガがどういう習性や生態の動物かを地域の人たちがよく知っていなければ、それは深みのない取り組みになるのではないか、と思ったのである。

ニホンモモンガという動物の生活についてよく知ったうえで（もちろん学術的にまだよく知られていない動物なので、研究でわかっている範囲の中で、ということになるが）、モモンガたちの生息する森を保全するための取り組みだ、という意識をもっていただきたい、という強い思いがあったのだ。単にかわいくてアピール性があるからシンボルにした、というだけでは、おそらく取り組み自体も薄っぺらなものになり、長続きもしないと思ったのである。

もう一つの理由は、私の人間動物行動学の研究成果にもとづいたものである。

その研究成果とは、話せば長くなるので手短に申し上げるが、「人間という動物の脳は、本来、野生生物の習性・生態に特に強い関心をもつ特性を備えている。そして、野生生物の習性・生態にじかに触れることによって、擬人化思考も働き、それらの生物に対する畏敬や親愛の感情が高まっていく」というものである。

私は、特に若い人たちに、その体験をしてもらいたいと思ったのである。それが、モモンガたちの森を守る、自然な気持ちにつながると思ったのである。

こういった思いがあって、「モモンガたち野生生物の森での生活について、地域の人たちにもいろいろ知っていただきたいので、私が、森の現地で説明会を開きたい。是非参加していただきたい」と言ったのである。

このようにして、二〇一一年三月の、第一回目の会は終わり、私は、寒々とした月明かりに照らされる雪の道路を、温かい気持ちで満たされながら、帰っていったのである。

さて、それから数週間ほど過ぎたある日のこと。区長のTさんからメールで連絡があった。それは次のような内容であった。

芦津のコミュニティーハウス「どんぐりの館」の横につくっていた風呂の建物が完成し、智頭町の町長さんをはじめ、鳥取県庁からもお客さんを招いて、竣工式を盛大に開くので、私にも出席してもらいたい。そして、そこで、芦津の森のモモンガについて講演をしてもらいたい……と。

「どんぐりの館」というのは、芦津の人たちが会議や宴会などに利用する建物で、宿泊所としても使える、立派なものであった。

学生の実習やゼミの合宿でも宿泊所として利用させてもらっており、夜は台所で料理をし、庭でバーベキューもした。

ただ一つ、風呂がないのが惜しいところで、外部から宿泊に来た人のためにも、もちろん芦津の人のためにも、風呂をつくろうという話がもち上がっていたようなのである。

その風呂が完成した。そしてその竣工式で、三月に区長さんたちに話したことをまた話せる。

これはいいニュースだ。

私は二つ返事で了解し、芦津の森にかかわっている、大学の数人の先生や事務の方にも声をかけることを約束した。

ところで、区長さんからのメールには、最後にさりげなく、次のような一文も添えられていた。

住民投票の結果、風呂の名称は「ももんがの湯」になりました。

私はなんだかうれしくなった。

「ももんがの湯」、「ももんがの湯」……！　**これはいい。**

そして思ったのである。これは、竣工式での話の中で、ネタに使おう、必ず使おう、と。どのようなネタにしたかは、後ほどお話しする。

そして、その日はやって来た。

企画広報課のMさんと三人の学生と一緒に、快晴の芦津の「どんぐりの館」に、昼前に到着した。

「ももんがの湯」は完成していた。地元産のスギの木でできた、おしゃれなつくりである。正面に大きな看板がかかっており、確かに「ももんがの湯」と書かれていた。

会が始まった。

立派な風呂ができたことを祝って、町長さんや区長さんが挨拶された。

お二人とも、地域の歴史を築いてこられた老人の方々に喜んでもらえるような地域づくりをしていきたい、という趣旨のことを話され、印象的だった。

続いて、私の話の番がきた。

待ってましたやんか。私は勢いよく立ち上がった。大好物のおやつを目の前に置かれて、〝待て〟をされていた子どもが、「ハイっ、食べてもいいよ」と言われて、おやつにかぶりつくようなものである。

私は、それまでの一年半ほどの研究の成果を、わかりやすく、面白く（幾度となく滑りながらも）話したあと、最後に研究成果とは直接関係ない話を二つした。

一つは、「今回、完成した風呂に〝ももんがの湯〟という名前をつけられたことは、生物学的に実に的確な選択だったと思います」という話である。

私は、次のように言ったのである。

モモンガは、巣材としてスギの樹皮を使う。芦津の調査地で、これまで調べた巣、すべてにおいてそうである。例外はない。

天然林で、スギの木と言えば、天然の（つまり植林したものではない）スギが、ほんとうにまばらにしかない状況でも、モモンガはスギの樹皮を使うのである。

ゼミ生のＨａくんの卒業研究で、スギ林の巣箱と天然林の巣箱のそれぞれにつくられた巣の重さを測ったら（それぞれ二〇個ほど）、スギ林の巣箱につくられた巣のほうが、天然林の巣箱につくられた巣より有意に重かった。私はこれは面白い結果だと思っている。

つまり、スギ林に設置された巣箱では、巣箱のすぐそばから巣の材料（スギの樹皮）が得られるから、あまり労力をかけることなく、巣材をふんだんに使った巣をつくることができる。

一方、天然林では、巣材を得るためには、巣箱からかなり離れたところにあるスギの木と巣箱とを往復しなければならない。これには労力がかかる。

そういった事情が、「スギ林の巣箱につくられた巣のほうが、天然林の巣箱につくられた巣より有意に重かった」理由ではないかと思うのである。

見方を変えれば、そうまでしても、巣材にスギの樹皮を使いたい、というわけなのだ。

でもそうなると今度は、**「あなたはどうしてそんなにスギの樹皮に固執するの？」**と聞きたくなるのが人情というものだ。

ちなみに、ここからの話は竣工式ではしゃべらなかったが、私はこの疑問に対する一つの理由を、すでにつかんでいるのである。詳しい内容は、ここではまだ発表できないが、私の〝巣の構造に注目する〟という斬新な視点によって、その疑問の一部は解かれつつある。

大学のキャンパスの木に、モモンガがつくった巣を、二日間雨ざらしにして、そのあと、巣の外部と内部のスギ樹皮層の水分浸透量を比較する実験を行なうのである。われながら、目のつけどころがスバラシイ。ま

私は、１年半ほどの研究の成果を、面白く（？）話した。そして、「もんがの湯」と「モモンガの巣」の関係について述べた。キーワードは「スギの香りでリラックス」である

たの機会に是非、お話ししたい。

竣工式での「ももんがの湯」の話にもどる。

モモンガは、スギの樹皮を細かく細かく裂いて、それを丸めて巣をつくり、その巣の中に入って休むのである。

ということは、**モモンガは巣の中で、スギの香りに包まれて、癒されながら休息する**ということである。

では、新しくできた、スギの木にまわりを囲まれた風呂に入った人はどうであろうか。

そう、その人もその風呂に入ると、〝スギの香りに包まれて、癒されながら休息する〟のである。

つまり、**モモンガと同じ**ではないか。つまり、「ももんがの湯」という命名は、実に理にかなっている、ということになる。

私は、一七三ページ上段の写真のようなスライドをわざわざ用意して、このような説明をしたのである。

私の、〝ももんがの湯〟という名前がなぜ生物学的に的確かという説明には、そのとき一緒に来ていた学生のOくんの突発的な行動も利用させてもらった。

風呂好きなOくんが、できたてほやほやの風呂に入りたいと言い出し、寛大な主催者の御厚意で、私の話の前に入浴していたのだ。

風呂から出てきて、気持ちよさそうな顔をして、部屋のいちばん後ろに立っていたOくんが目についたので、私は話をとめてOくんに声をかけた。

「あっ、Oくんが風呂から上がってきたようですから、Oくんに聞いてみましょう」

「Oくん、風呂どうだった?」

Oくんが答えた。「めっちゃ気持ちよかったです」

再び私が聞いた。「そう、それはよかった。風呂はどんなニオイがした?」

Oくんが答えた。**「スギの香りがしました」**

ばっちりだ。

もちろん打ち合わせなどしていないのである。でも、話の前に風呂の説明を聞かせてもらっていた私は、それならスギの香りがしないはずはない、と思っていたのだ。

「まあ、このように、ここの風呂に入ると、スギの香りに満たされてリラックスできるのです。やはり、巣の中のモモンガとおんなじですね。やはり〝ももんがの湯〟ですね」

「ももんがの湯」。な〜んてよいネーミングなのだ（生物学的に）。
モモンガは、巣の中でスギの香りに包まれてリラックス。
人間は、スギの香りのお風呂につかってリラックス話を聞いておられた何人かの人が、笑顔でうなずいておられるのが目に入った。われながら、いい話だなーと思ったしだいである。

もう一つ、最後にした話は、〝地域の活性化〟である。

これこそが、私がしたかったいちばん大切な話であることを、読者のみなさんには理解していただけると思う。

力を入れて私は最後の話題を話しはじめた。

「モモンガたち、たくさんの野生生物が棲むこの芦津の森を、みなさんに改めて見直していただきたい。そして、ここからは私の提案ですが、この芦津の森を大切にする気持ちをしっかりと意識するように、地域の活性化のためにも、こういう商品を売り出してはいかがですか」

……そういって私が映したスライドの一枚が、冒頭でお見せした「モモンガの森の水」である。

私は思うのである。

ラベルにモモンガの顔が大きく写っているペットボトルが、スーパーの水のコーナーに置いてあったら、そこを通るお客さんの目にとまりやすいのではないだろうか、と。

人間の脳内には、顔の目のように、円形物が横に二つ並んだ「顔模様」に反応する特別な神経回路が存在すると考えられている。生まれて間もない乳児でも、「顔模様」にはしっかり反応して、それをじっと見つめる。

〝水〟コーナーに、典型的な「顔模様」を示すモモンガの顔があったら、お客さんの脳は反応してしまうはずである。そして、「何これ？」と思ってよく見てみたら、なんとかわいいモモンガの顔であり、それを買うことが、モモンガの森の保全にも役立つと書いてある。ちなみに、最近、鳥取県の高地の水源地で採水されるミネラルウオーターが、水質や美味しさ度の高さから、人気が出ているという。そう、鳥取の高地水源地の水は、すぐれているのだ。

「モモンガの森の水」は、まさにそういった〝鳥取県の高地の水源地で採水されるミネラルウオーター〟なのである。

そういったことを総合すると……読者のみなさん、店頭に「モモンガの森の水」が並んだら、是非お買い上げいただきたい。

そんなこんなで、私の話は終わり、宴会が始まった。

寿司や刺身、そして地元の水や米でできた酒が目の前に並んだ。

では、乾杯だ。

見るからにはつらつとした、鳥取県の役職の方が、乾杯の音頭をとられた。乾杯の音頭は「カンパーイ！」ではなく、「ももんがー！」であった。粋な機転に私は感心した。

しばらくして、地元のご高齢の女性が、わざわざ私のところに来られて言われた。「先生のお話、よーくわかりました」。私の母と同じくらいの年齢の方だろうか。その言葉を聞いて、私は、あー話をしてよかった、と思ったのである。同時に、自然環境が芦津によく似た自分のふるさとを思い出したのであった。

学生のYさんやOくんやMくんも、地元の人たちといろいろ話をしていた。

Oくんや M くんはしっかり酒を飲んで陽気になっていた。特に O くんは町長さんに気に入られ、「一言しゃべれ」とかなんとか言われ、みんなの前に立たされた。

何を言うだろうと心配していたら、堂々と話をして、最後に「今日は、僕は幸せです」とかなんとか調子のいいことを言って、拍手を受けていた。

おみやげに、地元の酒「芦津の夢」をもらって、帰路についたのだった。

帰る直前、宴会があった「どんぐりの館」から出たとき、「ももんがの湯」を見ておこうと思い、風呂がある建物の中に入ってみた。

男湯と女湯に分かれており、そのちょうど分岐点のところの壁に、モモンガの絵がかけてあった。宴会で、「画伯」と呼ばれていたＡｋさんが描かれたものだった。スギの林をバックに、モモンガのあどけない表情がうまく表現されていた。

スギに囲まれた空間の中に、丸い五右衛門風呂と四角い風呂が男湯・女湯合わせて三つあり、確かに全体からスギの香りが漂っていた。

ももんがの湯……やはり、ピッタリの命名だよな。

私は、改めて思ったのである。

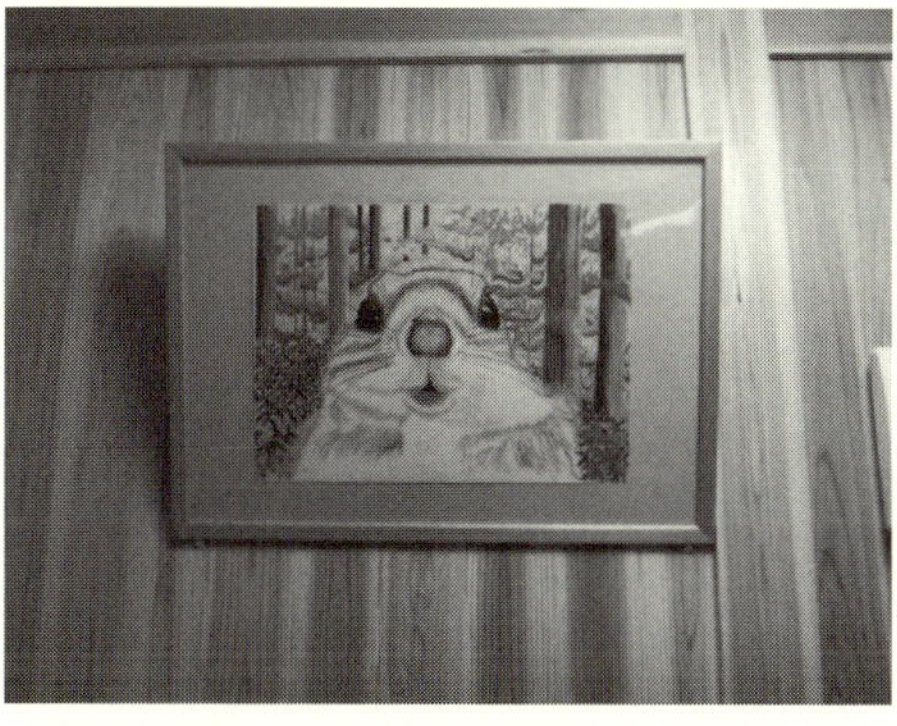

「ももんがの湯」に飾られている地元の画伯Akさんによるモモンガの絵

「ほーっ、これが**モモンガ**ですか！」

芦津の森の合同モモンガ観察会とモモンガグッズ発表会

芦津《あしづ》の田植えも終わった六月はじめ、私は、大学の一泊二日の学生の実習で、モモンガの調査を行なった。

とは言っても、実際に、モモンガを捕獲し、体重を測ったり、個体識別用のマイクロチップをモモンガの皮下に入れたり、遺伝子分析用の体毛を採取したりするのは私だけである。学術用捕獲許可を受けているのは私だけだからである。

学生たちは、測定器の準備をしたり、注射器やピンセット、アルコール綿などを私に渡してくれたり、記録用紙への記入などを担当してくれた。（ちょこっとしっぽや背中にさわったり、モモンガの写真を撮ったりするのはＯＫだ。）

もちろん、最も重要なことは、私が行なう見事な一連の調査を間近で観察し、私が行なうすばらしい説明に耳を傾けることである。

その日は午後から、芦津の地域の人たちにも調査地での実習に参加してもらうことになっていた。私が、強く頼んだのだ。

「ふるさとの森に、こんな魅力的な動物たちが棲んでいることを知ってもらいたい」という理由が一つ。

そしてもう一つ、「もし、モモンガをシンボルにした農産物やグッズで〝地域おこし〟をするのであれば、モモンガの生態について理解を深めてもらいたい」と思ったのだ。そうでないと、その取り組みには、なんというか、「心が入らない」ではないか。それぞれの動物たちのことをよく知って、動物たちや森への愛着も感じながら製品を考えなければ、魅力的な味わいは出てこないと思うのである。

午前中に数時間、学生と私だけで調査地の一カ所を調査し、午後からは、芦津の人たちと合同でもう一カ所の調査を行なう予定だった。その調査地は、植林されてもう三〇～七〇年ほど経過したスギ林であった。間伐などの手入れがしっかりいきとどいた、気持ちのよい林である。芦津には、地区の共有財産として立派な森があり、スギの植林地と自然林とがモザイク状に分布していた。

私は、その地区の共有林の変化に富んだ植生を利用して、共有林の中に三種類の調査地を設定していた。(その後、調査地はどんどん増えていくのであるが。)

一つ目は、先にお話しした三〇～七〇年ほど経過したスギ林、二つ目は七〇年ほど経過した自然林(シデ類やナラ類などが優占)、三つ目は二〇〇年以上経過した自然林(トチやブナなどが優占)。

「ほーっ、これがモモンガですか!」

私が、〝三〇〜七〇年ほど経過したスギ林〟を、合同の調査地に選んだのには理由があった。それは、「間伐などの手入れがしっかりされたスギ林は（さらに近くに自然林があればなおいっそう）、モモンガに人気があり、そこに設置した巣箱は繁殖にもよく使われる」ということを確認してもらいたかった、ということである。

つまり、それは、「芦津の大切な産業である林業と、モモンガたちとの共存は、植林の管理やデザインの仕方を少し工夫すれば可能である」ことを意味しているのである。

さて、午前の調査が終わり、学生たちと私は、車を置いているきれいな渓流のそばの広場で、水のせせらぎや小鳥の声を聞きながら弁当を食べた。

学生の中には、裸足になってズボンの裾をまくり上げ、渓流に入るものもいた。文句なしに、気持ちのよい時間である。

そんな時間はすぐ過ぎる。午後の調査を開始する時間である。

私が学生たちに向かって声をかける。「よーし、では、午後の調査を始めるぞー」

その一声で、学生たちはさっと調査の準備を再開し、森へ入る態勢が見事に整う……というようなことがあるはずがない。

芦津の森の航空写真。○印の場所に巣箱は設置されている。
いちばん上の調査地の黒っぽい林が30〜70年経過したスギ林。中段の調査地が70年ほど経過した自然林。下の調査地が200年以上経過した自然林だ

小林が（私のことだ）、何か言ってるぞ、くらいのものである。一応は、私のほうを向くけれども、調査の準備に取りかかる学生などほとんどいない。

そんなときにはどうするか。

そんなときには、一人でさっさと準備を始めるのである。〃リーダーは言葉より行動で示せ〃と言うではないか。（ちょっと違うかな。）

やがて学生たちも、小林が動き出したようだ、しゃーない、オレたちも行くか、くらいのものである。学生たちも調査の準備をして、動き出す。

こうして、午後の調査が順調に（ちょっと違うかな）始まるのである。

やがて約束の時間になり、芦津の人たちが、

午前の調査終了。お昼ご飯のあと、学生たちは裸足で渓流に入る。気持ちのよい時間だ

〝三〇～七〇年ほど経過したスギ林〟に集合しはじめた。だんだん声が大きくなり、やがて姿が見えてきた。女性の方もおられる。

「先生来ましたよ」

「ほー、こんなふうにしてやっとるんですか」……いろいろな声が聞こえてくる。

「あー、こんにちは、今日はどうもご苦労様です」

私の言葉に合わせて、学生たちも「こんにちは」「ご苦労様です」とかなんとか、口々に挨拶している。へー、こんな気持ちのいい挨拶ができるんだ、と、私もうれしくなる。

ではまずは、芦津の人たちに調査内容についての説明だ。

資料を配り、調査の目的、調査の仕方などについて私が解説した。フンフンとうなずきながら聞いている人もいる。それなりに聞いている人もいる。

私のすばらしい解説が終わり、実際の調査だ。

例によって、私が、「ではまず、あの巣箱から調べてみます」みたいなことを言って、梯子をのぼりはじめる。

一本目のスギの木の巣箱には、モモンガはいなかった。

「ほーっ、これがモモンガですか！」

雰囲気的に、早めにモモンガに出てきてほしい。

　私は、地面から、周囲のスギの木のいくつかの**巣箱を鋭い目つきで眺め、モモンガがいそうな巣箱にねらいを定める。**

　私くらいの研究者になると、巣箱を外側から見ただけでも、中にモモンガがいるかどうかわかるのである。

　ウソである。

　まったくの勘である。ただし、その〝勘〟の中には、それまでの何回にもおよぶ調査の成果と、巣箱の入り口の穴の様子などについての情報がしっかり入っているのだ。

　私は、モモンガが入っている確率が高いスギに梯子をかけ、下からの視線を意識しながら一

1本の木に設置した3個の巣箱（右の写真の○印）。上から地上6m、3m、0.5m。地上から巣箱を鋭い目つきで眺め、モモンガがいそうな巣にねらいを定める。よしよし、ちゃんとモモンガがいてくれた

段一段のぼっていく。

するとどうだろう。**ちゃんとモモンガはいてくれる**のである。

巣箱の周囲のニオイと巣箱の重さから大体わかるのだが、念のために、巣箱の蓋を少し開け、指で中を探る。すると、神経を集中した指の先に、柔らかな毛が触れるのである。

ちなみに、地上六メートルというと、けっこう、高い。落ちたら危ないこともあって、私は学生にはのぼらせない。

一度、「学生は、のぼりたいのをがまんしているのかもしれない。だったら、危なくない木のところでのぼらせてあげようか」とも考え、あるとき、ゼミ生のＨｉくんに聞いてみた。

「のぼってみたい？」

答えは、**「怖くてのぼれません」**だった。

さて、モモンガが入っていることがわかった巣箱は、まず入り口の穴に手袋を丸めて詰めてふさぎ、それから、木からはずして、用心しながら持って下りる。

持って下りた巣箱は、まず、網袋に巣箱ごと入れて、蓋を全開にして、中からモモンガに出てもらう。モモンガが飛び出すと、周囲の人たちから、**「おーっ」**という歓声が上がる。

「ほーっ、これがモモンガですか！」

「出た、出た！」とか、**「ほーっ、これがモモンガか！」**とか、いろいろな声が聞こえてきた。

「そう、これが、この森の主、ニホンモモンガなんですよ」と、私は心の中で答える。

次は、袋からモモンガを取り出し、顔の写真を撮る。（あとでもお話しするが、個体識別は、尾の毛を刈ったり、マイクロチップを入れたりして行なうのだが、私は、顔の写真も撮って、頭に焼きつける。モモンガの顔にも個体ごとの個性があるのだ。そして、顔を見合わせて、挨拶と一時的な苦痛に対するお詫びをするのである。）

続いて、モモンガの性別や体重などを記録し、注射器でマイクロチップを尻の皮下に入れ、最後に尻の毛を少しいただく。

マイクロチップは個体識別のためであり、その後出合ったとき、チップリーダーを尻のあたりにかざしてチップを読みとれば、「あー、あなたは、△月□日に、〝七〇年ほど経過した自然林〟のB4の六メートルの巣箱にいたモモンガだね」とわかることになる。

一方、尻のあたりの毛の採集は、ちょっとした意味がある。

話せば長くなるのだが、モモンガはなんと、一つの巣箱に複数の個体（二匹や三匹）が一緒に入っていることがしばしばある。〝なんと〟と言ったのは、単独性の哺乳類で、巣の中で（もちろん親子なら当然であるが）複数の成獣が一緒に休む、といった例は聞いたことがない

「ほーっ、これがモモンガですか！」

モモンガがいることがわかったら巣箱を持って下り、網袋に巣箱ごと入れて蓋を全開にして、出てもらう。袋から取り出して、顔の写真を撮る。モモンガの顔にも個体ごとの個性があるのだ

からである。

この〝同居〟は、別に巣箱が不足しているわけではない。近くに心地よさそうな、巣材がしっかり入っている巣箱はたくさんあるのに、一つの巣箱に複数の個体が入っているのである。私のようなすぐれた研究者は、そういうところに敏感に反応するのである。（そこに**モモンガの習性の隠された秘密を解く鍵**があるかもしれない、と。）ちなみに、〝すぐれた（研究者）〟というのはウソであるが、〝同居〟が重要な現象である可能性は確かにある。

そこで、まずは毛から遺伝子を分析して、〝同居〟する個体の間に血縁関係があるのかどうかを調べようと考えているのである。**スバラシイ発想だ。**

ここまでの作業が終わったら、一段落である。

私は、芦津の人たちに向けて、モモンガを片手で持って、

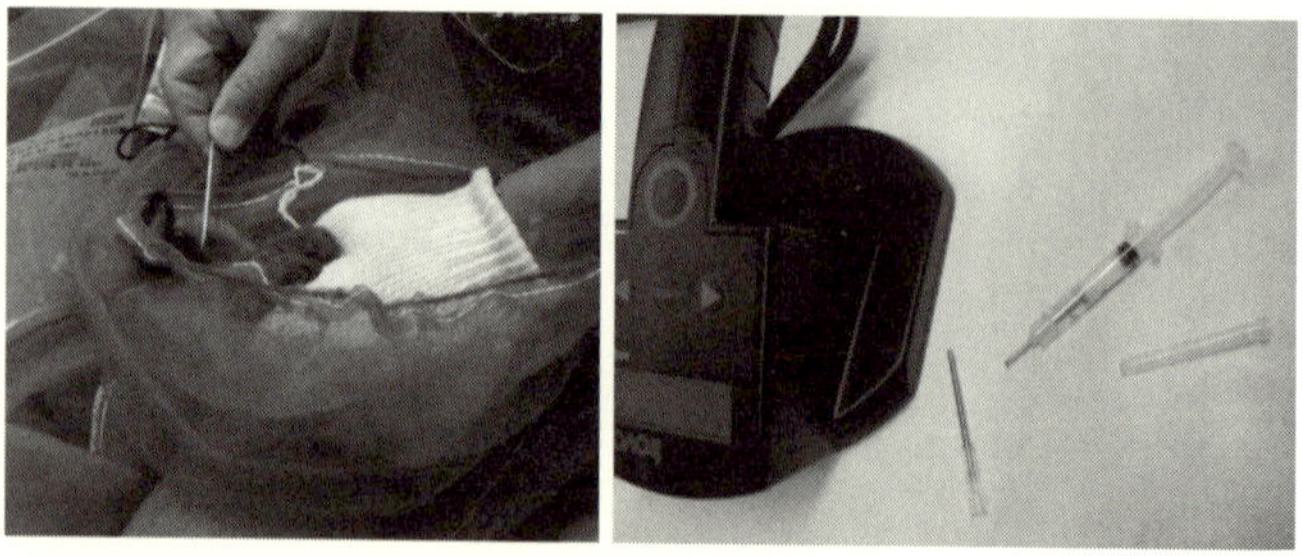
注射器でマイクロチップをモモンガの尻の皮下に入れる。個体識別のためだ

「ほーっ、これがモモンガですか！」

飛翔のための飛膜《ひまく》や、柔らかい肉球や爪が発達した手足の平、大きな目、平板な顔、小さな（退縮した）口元……などの構造や理由を説明した。

飛膜のつけ根には、針状軟骨《しんじょうなんこつ》と呼ばれる突起があり、滑空するときは、それを動かして飛膜を広げる。飛膜をさわるとその軟骨がよくわかる。

「柔らかい肉球や爪が発達した手足の平」は、滑空後、木に着地したときの衝撃を少なくしたり、幹や枝の表面での移動をスムーズにするため、「大きな目」は、暗い夜でも弱い光をしっかり取り入れるため、「平板な顔」は、両目の視野を重ならせることによって樹木の空間的位置を把握しやすくするため、「退縮した口元」は（おそらく）、滑空後、木に着地したとき、口や鼻を樹木の表面にぶつけないため、であろう。

もう一つ、モモンガの顔の特徴としていつも感じるのは、

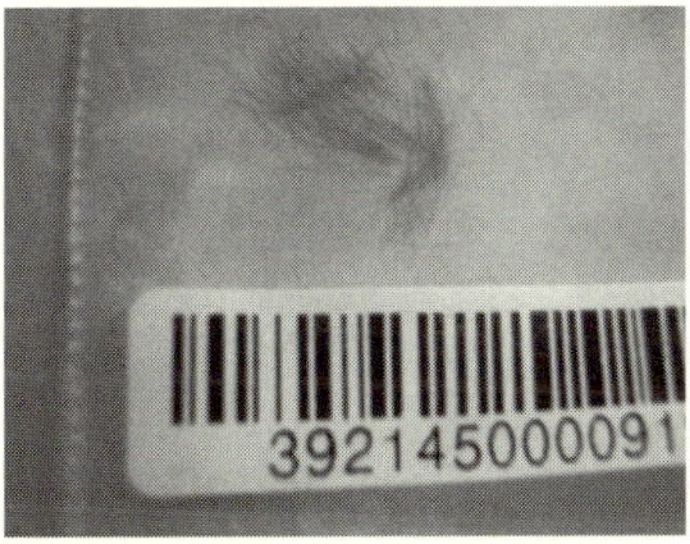

最後に尻の毛を少しいただく。これは、毛から遺伝子を分析して、
１つの巣に同居している個体間に血縁関係があるかどうかを調べるためだ

鼻の髭がとても長いことだ。（モモンガの顔の写真を見ていただきたい。）なぜこんなに長いのか。闇夜で、物にぶつからないためだろうか。この特徴は観察会では触れない。**私に理由がわからないことは、黙っておく。**

では最後に、モモンガを帰そう。

まず、もとの巣箱にモモンガをもどし、入り口に、地面に生えているコケを詰めて栓をする。このようにして、モモンガを巣箱の中で落ち着かせるのである。

それから、モモンガの入った巣箱を持って、ゆっくり梯子をのぼり、巣箱をもとの位置に設置する。そうしておけば、やがて中で落ち着いて、ちょっと外に出ようか、と思ったモモンガ

私の一連の素早い作業を尊敬の目で（？）見つめる芦津の人たちと学生たち

が、コケをかじってゆっくりと巣から出てくるだろう。

そのようにして、調査は進んでいく。


ところで、そのときの調査で、**(モモンガにはちょっと気の毒な)ある発見**があった。

それは、ある巣箱に入っていたモモンガを網に出したときだった。

そのモモンガは、尾の毛に切れこみが入っていたのだが、調べてみたら、その切れこみは昨年のはじめ(春)に刈られたものだった。刈りこみ法を採用して間もないころの、ほぼ最初の〝作品〟だったのだ。

ということは、刈られてから約一年間たっていたのに、尾の毛はほとんどのびていなかったことになる。**これは驚きだ!**

この発見は、私に、講義でのある学生とのやりとりを思い出させた。

あるとき、私は講義で、モモンガの調査のことについて少し話をした。すると、講義の終わりにいつも書いてもらっている感想・質問用紙に、次のような文章が書かれていた。

「個体識別のために尾の毛を刈るということでしたが、尾の毛を刈られたモモンガは、飛ぶときに、バランスが悪くなったり、冬、寒いということはないのですか」

「ほーっ、これがモモンガですか!」

重要な、あるいは面白い感想・質問については、講義のはじめに、全員に向けて手短に答えを返すことにしている。さっそく、私は次の時間、〝毛を刈られたモモンガ〟についての質問を取り上げ、次のように答えたのだ。

「なかなか思いやりのあるよい質問ですね。モモンガの尾が、滑空や冬の保温に、どれくらい重要かはよくわかっていません。しかし、これまでの調査で、尾の毛を刈られたモモンガが、一カ月後、数キロメートル離れた巣箱でも見つかっているし、滑空に、大きな影響を及ぼすとは考えられません。

それにいずれにせよ、哺乳類の毛は、けっこう早くのびてもとにもどるから、心配はないと思います。

それから、モモンガの尾は、ペーパーナイフのように、すーっと、平たくきれいに水平に広がっています。みんなも、もしその尾を見たら、ちょっと刈りとってしまいたいような、強い衝動にかられると思いますよ。

私も切りすぎないように気をつけています。まー、またすぐ生えてきますから大丈夫です」

実際、私は、そう思っていた。

だからこそ、〝毛刈り〟だけでは不十分だから（時間がたつともとにもどるから）、四、五年はもつと言われているマイクロチップを使いはじめたのだった。

ところが、**一年たっても、モモンガの尾の毛は生えてこない、**ということなのだ。

そういえば、九月に子どもを抱えていた母モモンガ（芦津のモモンガは、春と夏に出産した）の尾の毛を刈ったこともあったなー。寒くなった芦津の森の巣箱の中で、母モモンガの毛がなかなかもとにもどらず、子どもたちが**「かあちゃん。かあちゃんの尾は毛がスケスケで、寒いよー」**みたいなことになっていた可能性がなかったとは言えないわけか。

でも、なぜ、モモンガの尾の毛は、一年たっ

「ほーっ、これがモモンガですか！」

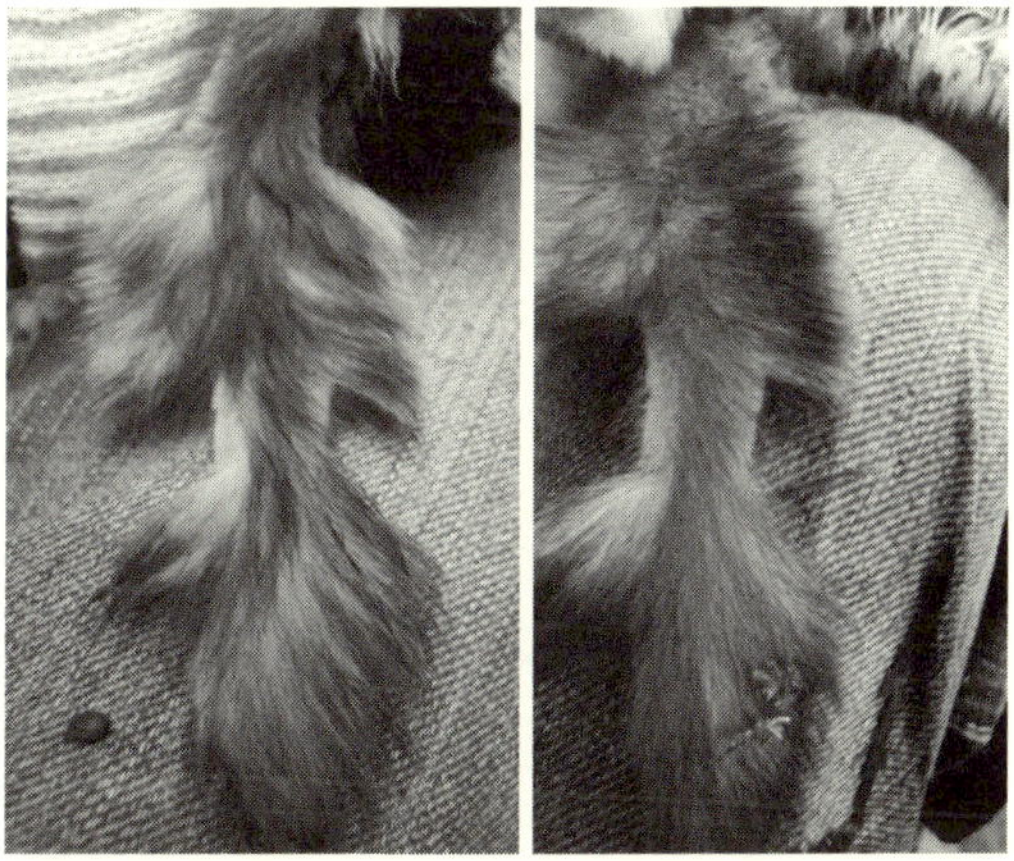

個体識別のためにモモンガの尾の毛を刈っていた。すぐのびるだろうと思っていたら……１年たっても生えてこないことが発覚（左が１年後）

ても回復しないのだろうか。**実に興味深い。**

さて、そんなこんなで充実した観察会は終わりを迎えた。

芦津の人たちは一足先に帰路につき、われわれはアカネズミやヒメネズミの調査についての明日の準備をしてから帰路についた。観察会のあとは、芦津のコミュニティーハウス「どんぐりの館」での、芦津の人たちとわれわれとの〝モモンガグッズ発表会〟が待っていた。

〝モモンガグッズ発表会〟と言われても、読者の方にはなんのことか、おわかりにならないだろう。

少し説明しよう。

教育者としても大変思慮深い私は、「モモンガの森の野生生物たちの調査」と「モモンガの森の保全のための地域活性化」を結びつける、ささやかな（ただし私にとっては大きな意味をもつ）取り組みに学生たちにも参加してもらおう、と考えた。もちろん、いわゆる**〝若い頭脳〟で斬新な、あるいは、今風のアイデア**を出してもらいたいという思いもあったが、それよりなにより、参加する学生には、とてもよい学習の場になるにちがいないと思ったからである。

自分たちで考え、芦津の人たちと話しあい、製作し、事が進めば、販売（そして自分の儲け！）などの体験をすることになるからである。

もちろんそのためには、私がかなり苦労して（密かな）お膳立てをしなければならない。しかし、それで**学生たちが成長してくれたら、それは本望というものだろう……**ナンチャッテ。

そのような思慮深い考えのもとに、実習の一〇日くらい前に、参加する学生たちに、「モモンガの森の保全のための地域活性化」の重要性について話をし、モモンガの森についてのこれまでの調査の成果も話し、ニホンモモンガをシンボルにした製品（自然産物でもよい、人工物でもよい）の案を考えてくるように言ったのだ。そして、「どんぐりの館」で芦津の人たちに説明できるような資料を、パソコンでつくっておいてください、とも言ったのだ。

「どんぐりの館」で始まった“モモンガグッズ発表会”。
私も学生にまじって「モモンガの森のミニ地球」を提案した

さて、「どんぐりの館」の大広間で、〝モモンガグッズ発表会〟が始まった。

学生たちが、区長さんをはじめ住民の人たちを前にして、順番に発表を始めた。

その内容は、洗練されているとは言い難いが、意外にも(失礼!)、芦津の人たちの関心を引いたのだ。

思うに、住民の方々は、おそらく、「あー、若い人たちが考えてくれたんだ。**若い人たちは、こういったものをいいと思っているんだ**」と、ポジティブに受けとってくださったのだろう。

特に、Yさんがモモンガのイラストとともに提案したTシャツや扇子などは、モモンガの姿が魅力的だったこともあり、なかなか好評だった。発表のあとで、芦津の人たちから「これは是非、つくってみたい」という意見が出された。

Yさんが提案したモモンガイラストのTシャツと扇子は、好評だった

私が提案した**「モモンガの森のミニ地球」**も、それなりに好評だった。〝ミニ地球〟と言われても、何のことかおわかりにならない読者の方もおられると思うので、ちょっと説明したい。

カヤネズミのアースが内部に入りこんで、地表を破壊してしまった、あの地球のことである。こう言っても、なかなかわかっていただけない読者の方もおられると思うので、もう少し説明したい。（アースとミニ地球の事件は、『先生、子リスたちがイタチを攻撃しています！』をお読みください。）

ミニ地球というのは、手の平にのるくらいの大きさの透明の円形容器の中に、地球の生態系を形成する「生産者（植物）」「消費者（草食系男子、じゃなかった、草食動物）」「分解者（カビやキノコ）」を、土や水とともに入れて密封した、ミニミニサイズの〝地球〟のことである。

従来からこの手の〝品物〟が存在していたことが、あとでわかったのだが（研究などでも使われる）、私がまったく独自の試行錯誤でたどりついたミニ地球は、遊び心と自然を楽しむ気持ち、そして、子どもを含めた一般の方に、生態系の原理を理解してほしいという願いがこめられた地球なのである。

つくり方は、以下のとおりである。

「ほーっ、これがモモンガですか！」

透明のプラスチックボール二つとスコップ、金槌を持って、木々が繁茂して地面が日陰になっているような森に行き、地面をしっかり探しながら、小さな木（これがシンボルツリーになる）、草、コケ、ドングリや木の実などを見つけ、枯れ葉や土とともにプラスチックボールに植えこんでいく。最後に、その中にダンゴムシを一匹入れ、もう一つのプラスチックボールをかぶせて、パチッとはめこめば出来上がり、だ。水はやらなくてもいい。

食物連鎖とともに、窒素、リン酸、カリウム、炭素、酸素などが、植物↓動物↓分解者↓植物……と循環し、水も、地面↓空中、あるいは植物の体内↓プラスチックの天井（北極）、あるいは動物↓地面、……と循環するのである。

そのミニ地球を、芦津の森でつくれば、スギなどの樹木の実生はたくさんあるし、コケも菌類も豊富なので、実に魅力的なミニ地球ができると思ったのである。

ちなみに、ほんの数日前、〝第一回目のモモンガグッズ発表会〟以来、ずっとやろうやろうと思っていた、ミニ地球の講習会を芦津のモモンガの森で行なった。

思っていたとおり素材がいっぱいあって、区長さんや参加された方は、実に個性的で魅力的なミニ地球をつくられた。

それらは、講習会の翌日開かれた大学のオープンキャンパスで、**（ためしに売ってみたら）**

「ほーっ、これがモモンガですか！」

ミニ地球（上左）は、透明のプラスチックボールに土を入れ、小さな木、草、コケ、ドングリや木の実などを植えこむ。最後にダンゴムシを1匹入れて出来上がり。この中で食物連鎖とともに、物質の循環が行なわれる

一つ一〇〇〇円ですぐ売れた。

モモンガの森のポストカードやカレンダーといった平凡な（失礼！）案も、手軽にできる、という理由で評判がよかった。

時間はあっという間に過ぎ去った。

最後に区長さんが、モモンガグッズ発表会についてお礼を言われ、残りの話は夕食のバーベキューで、ということになった。こうして会はめでたく閉じたのだった。

さて、次は、バーベキューである。

「どんぐりの館」の前庭で、ドラム缶を半分に切ってつくったセットで、肉や、地元でとれた野菜が焼かれた。アルコールは、地元の米と水からつくられたお酒

芦津の森にはスギの実生もたくさんあるし、コケも菌類も豊富だ。きっと魅力的なミニ地球ができるにちがいない

「芦津の夢」などが、（おそらく地元の）スギ材でつくったテーブルの上に並べられた。

さあ、食べよう、飲もう。

（とは言っても、私は、アルコールは飲めない。）

こんなとき私は、できるだけ学生たちの様子を見ながら、「調子を崩した学生はいないか」「場に溶けこめない学生はいないか」など、気にかけるようにしている。

こういう実習に参加する学生は、多くは、地元の方とすぐに打ち解けて話をするのであるが、中にはポツンとしている学生もいる。そういう学生の気持ちはよくわかるので（私がそういう学生だったので）、状況によってはそばに行って話をしたりする。

でも、そういったいろいろな体験を全部含めて、学生にとっては貴重な経験になることは確かだと思う。

芦津の人たちも、学生にいろいろな話をしてくださる。

わざわざ家から、ある草（名前は忘れた）を編んでつくった蓑《みの》を持って来て、「昔はこんなものを使っていた」と教えてくださったり、「あんたは何県から来たのか」「大学ではどんなことをしているのか」と聞いてくださったり……**そして、夜は更けていくのである。**

もちろん、モモンガやモモンガグッズ発表会の続きの話も出る。

「ほーっ、これがモモンガですか！」

私にも確たる展望があるわけではない。でも、野生生物の保全には、こういった取り組みは避けて通ることのできないものである。今後どうなるかはわからないが、「とにかくやってみよう」という、いつもの姿勢（こう書くとなんかカッコイイ気がする）は、今回も同じである。われわれ外部の者を快く迎えてくれる、こんな懐の深い、芦津の人たちに感謝しながら、この取り組みがうまく進んでいってくれればと、**快い疲れの中で願ったのである**。

合同観察会が終わって、二日過ぎた。

そのとき私は、大学が近くの農家の方から借りている田んぼで、草刈りをしていた。ゼミの学生がそこを使って卒業研究をしているのである。

そろそろ薄暗くなりはじめ、最後の区画を刈っているころだった。

携帯電話が突然鳴った。（そりゃそうだろ。これから鳴りますがいいでしょうか？と聞いてから鳴る電話など誰も買わんわ。）

草刈り機を止めて、汗を拭き拭き、電話に出た。

大学の学務課のNさんからだった。

「芦津のT・iさんという方が、先生に渡してくださいと、木のモモンガを持って来られていま

「ほーっ、これがモモンガですか！」

“モモンガグッズ発表会”のあとは、おまちかねバーベキュー。地元の方が、昔はこんなものを使っていたと蓑を持って来てくださった。みんな打ち解けて、いろいろな話をして、夜は更けていった

す。先生、今、どこにおられますか」という内容だった。

私が、事情を説明したところ、「では、学務課に置いておきますので、あとでとりに来てください」ということになった。

私は、そのT・iさんをよく覚えていた。

T・iさんは芦津で大工をされており、趣味でこれまでもいろいろな動物をつくっておられ、バーベキューのとき、作品の写真も見せてもらっていた。そして「モモンガをつくってみたいと思っていたんだが、今日、(観察会で)本物のモモンガを見て、つくれそうな気がしてきた」と言われていた。

その気持ちは私にはよくわかった。

私も、以前、野生動物の立体を、焼き物や石粘土やブリキでつくっていたのだが、立体は、全身の構造がわかっていないとつくれない。体のすべての面をつくるわけだから、この部分はよくわからないからといって、そこの表現を避けるわけにはいかないのだ。(実は、絵でも、よい絵を描こうとすると、全身の構造を知っておかなければならないのだが。)

T・iさんが、「本物のモモンガの全身や、その動き、毛並みなどを間近に見ることができて、はじめて、立体がつくれそうな気がしてきた」と思われたことは、私も何度も経験したことであった。

私は、あー、Ｔｉさんはもうつくられたのか、そしてそれをすぐに持って来てくださったのか、と思うと、何かうれしくなってきた。

最後の区画の草刈りを終え、少々遅い時間になったが大学に帰ると、まだ学務課には明かりがついていたので寄ってみた。

それは紙袋の中に入っていた。中を見ると、手紙と、包装紙に包まれたモモンガの木彫りらしきものがあった。

すぐ取り出して包装紙を広げてみたら、かわいい二体のモモンガが出てきた。

手紙には、それぞれのモモンガの説明が書いてあり、片方は「木にとまったモモンガで、先生が説明された膜のことや雄の特徴を思い出しながらつくりました」

「ほーっ、これがモモンガですか！」

芦津の大工さんTiさんがつくって届けてくれた木彫りのモモンガ。
スギの年輪がいい味を出している

と書いてあった。

確かに、肛門のところにしっかりとふくらみがつくってあった。（私が現地で説明した、雄の睾丸である。）

そのモモンガは、スギの木でつくられており、スギの年輪がいい味を出していた。

次の日から、私はそれらを研究室に置いて、入ってくる学生たちに**「これ、どう思う」**と聞くことにした。

学生たち、特に女子の学生は、**「やー、かわい～い」**と言って、たいてい尾を持って頭や体をなでるのだ。

私はお礼の手紙を書いた。その中に、「モモンガの彫刻も、是非、芦津モモンガプロジェクト（いつの間にか、私はそのように命名していた）の商品の一つにしましょう」というメッセージも入れた。

芦津の森の魅力がいっぱい
つまったポストカード。

コースター
芦津のスギで
できています。

石粘土でつくった置き物です。

スギわっぱ小物入れ

ペーパー&ペンスタンド

置き物2種類
芦津の森の倒木を使用しています。
"巣穴の中の巣材"は実際にモモンガが
生息地で利用していた巣材です。

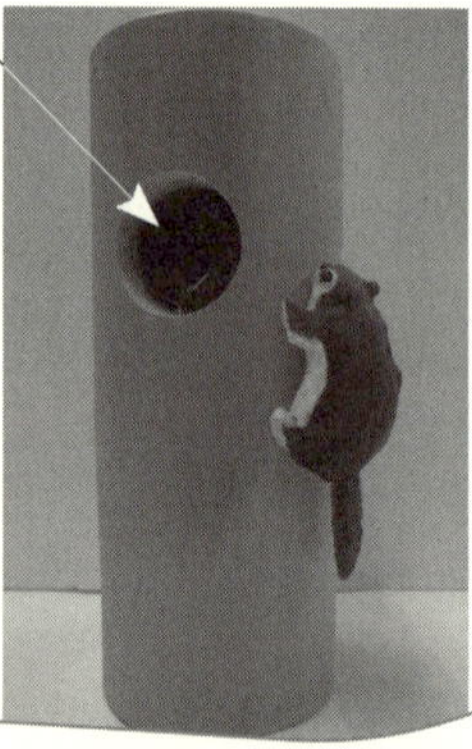

芦津モモンガプロジェクト
モモンガグッズの一例

コバヤシ教授が地元の人たちや学生さんたちと立ち上げた
ニホンモモンガやヤマネなど希少な動物の棲む芦津の森の保全と
地域活性化を結びつけるプロジェクト。 名づけて“芦津モモンガプロジェクト”

プロジェクトの大きな柱は2つです。
①モモンガを中心とした芦津の森の動物たちの生態の調査・研究
②モモンガをシンボルにしたグッズの考案・作成・販売&エコツーリズムの企画と実施

柱のひとつ、モモンガグッズのアイデア発表会の様子を196ページで紹介しましたが、
試行錯誤の末、こんなグッズたちができました。
地元の方々と学生さんとコバヤシ教授の知恵と汗と涙の結晶です。

値段や注文の方法など詳しくは、

ホームページ“芦津モモンガプロジェクト”
http://dem.kankyo-u.ac.jp/momongashop.html

をご覧ください。

芦津の大工さん、Tiさん作
木彫りのモモンガ
本文207ページを
ご覧ください。

プロジェクトの
シンボルマークです。

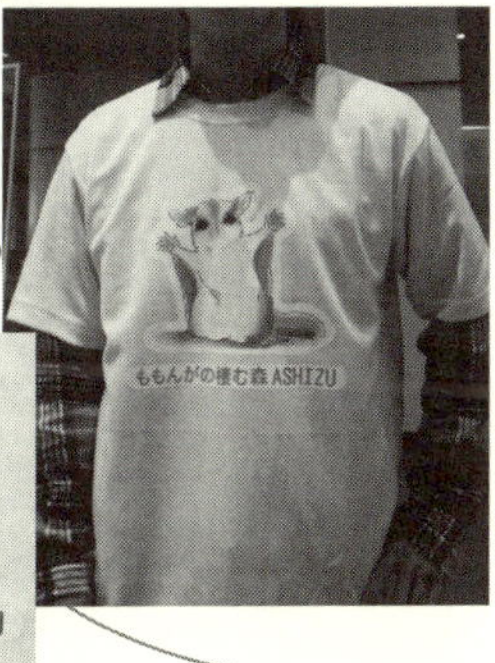

学生Yさん考案の
モモンガTシャツ

著者紹介

小林朋道（こばやし ともみち）

1958年岡山県生まれ。

岡山大学理学部生物学科卒業。京都大学で理学博士取得。

岡山県で高等学校に勤務後、2001年鳥取環境大学講師、2005年教授。

専門は動物行動学、人間比較行動学。

著書に『通勤電車の人間行動学』（創流出版）、『タゴガエル鳴く森に出かけよう！』（技術評論社）、『ヒトはなぜ拍手をするのか』（新潮社）、『人間の自然認知特性とコモンズの悲劇―動物行動学から見た環境教育』（ふくろう出版）、『先生、巨大コウモリが廊下を飛んでいます！』『先生、シマリスがヘビの頭をかじっています！』『先生、子リスたちがイタチを攻撃しています！』『先生、カエルが脱皮してその皮を食べています！』『先生、キジがヤギに縄張り宣言しています！』（以上、築地書館）など。

これまで、ヒトも含めた哺乳類、鳥類、両生類などの行動を、動物の生存や繁殖にどのように役立つかという視点から調べてきた。

現在は、ヒトと自然の精神的なつながりについての研究や、水辺や森の絶滅危惧動物の保全活動に取り組んでいる。

中国山地の山あいで、幼いころから野生生物たちと触れあいながら育ち、気がつくとそのまま大人になっていた。1日のうち少しでも野生生物との“交流”をもたないと体調が悪くなる。

自分では虚弱体質の理論派だと思っているが、学生たちからは体力だのみの現場派だと言われている。

先生、モモンガの風呂に入ってください！

鳥取環境大学の森の人間動物行動学

2012年3月20日　初版発行
2016年7月20日　4刷発行

著者　小林朋道
発行者　土井二郎
発行所　築地書館株式会社
〒104-0045
東京都中央区築地7-4-4-201
☎03-3542-3731　FAX 03-3541-5799
http://www.tsukiji-shokan.co.jp/
振替00110-5-19057
印刷製本　シナノ出版印刷株式会社
装丁　山本京子＋阿部芳春

 ISBN978-4-8067-1437-8

大好評　先生！シリーズ

先生、巨大コウモリが廊下を飛んでいます！

［鳥取環境大学］の森の人間動物行動学

小林朋道［著］ 1600円+税　◎10刷

自然豊かな大学で起きる動物たちと人間をめぐる珍事件を、人間動物行動学の視点で描く、ほのぼのどたばた騒動記。あなたの“脳のクセ”もわかります。

先生、シマリスがヘビの頭をかじっています！

［鳥取環境大学］の森の人間動物行動学

小林朋道［著］ 1600円+税　◎11刷

大学キャンパスを舞台に起きる動物事件を人間動物行動学の視点から描き、人と自然の精神的つながりを探る。今、あなたのなかに眠る太古の記憶が目を覚ます！

先生、子リスたちがイタチを攻撃しています！

［鳥取環境大学］の森の人間動物行動学

小林朋道［著］ 1600円+税　◎6刷

ますますパワーアップする動物珍事件。
動物たちの意外な一面がわかる、動物好きにはこたえられない1冊です！

価格・刷数は2016年7月現在
総合図書目録進呈します。ご請求は下記宛先まで
〒104-0045　東京都中央区築地7-4-4-201　築地書館営業部
メールマガジン「築地書館 BOOK NEWS」のお申し込みはホームページから
http://www.tsukiji-shokan.co.jp/

大好評　先生！シリーズ

先生、カエルが脱皮して その皮を食べています！

［鳥取環境大学］の森の人間動物行動学

小林朋道［著］ 1600円＋税　◎5刷

動物（含人間）たちの“えっ！”“へぇ～!?”がいっぱい。日々起きる動物珍事件を、人間動物行動学の“鋭い”視点で把握し、分析し、描き出す。

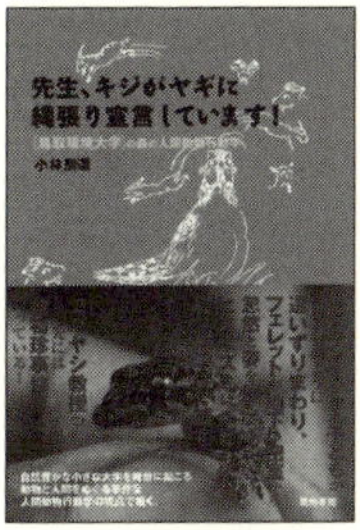

先生、キジがヤギに 縄張り宣言しています！

［鳥取環境大学］の森の人間動物行動学

小林朋道［著］ 1600円＋税　◎3刷

フェレットが地下の密室から忽然と姿を消し、ヒメネズミはヘビの糞を葉っぱで隠す……。
コバヤシ教授の行く先には、動物珍事件が待っている！

先生、大型野獣が キャンパスに侵入しました！

［鳥取環境大学］の森の人間動物行動学

小林朋道［著］ 1600円＋税　◎2刷

捕食者の巣穴の出入り口で暮らすトカゲ、アシナガバチをめぐる妻との攻防、ヤギコとの別れ……。巻頭カラー口絵はヤギ部のヤギ部員第一号、ヤギコのアルバム。

価格・刷数は2016年7月現在
総合図書目録進呈します。ご請求は下記宛先まで
〒104-0045　東京都中央区築地7-4-4-201　築地書館営業部
メールマガジン「築地書館BOOK NEWS」のお申し込みはホームページから
http://www.tsukiji-shokan.co.jp/

大好評　先生！シリーズ

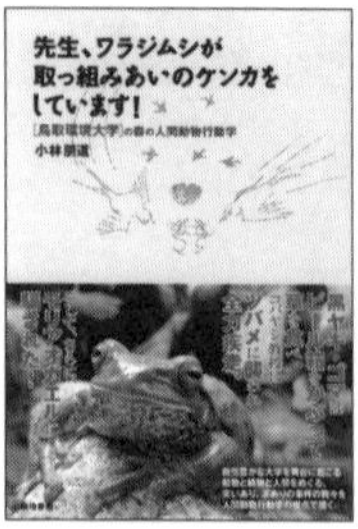

先生、ワラジムシが取っ組みあいのケンカをしています！

［鳥取環境大学］の森の人間動物行動学

小林朋道［著］1600円＋税　◎2刷

黒ヤギ・ゴマはビール箱をかぶって草を食べ、コバヤシ教授はツバメに襲われ全力疾走、そして、さらに、モリアオガエルに騙された！

先生、洞窟でコウモリとアナグマが同居しています！

［鳥取環境大学］の森の人間動物行動学

小林朋道［著］1600円＋税

雌ヤギばかりのヤギ部で、新入りメイが出産。
教授の小学2年時のウサギをくわえた山イヌ遭遇事件の作文も掲載。自然児だった教授の姿が垣間見られます！

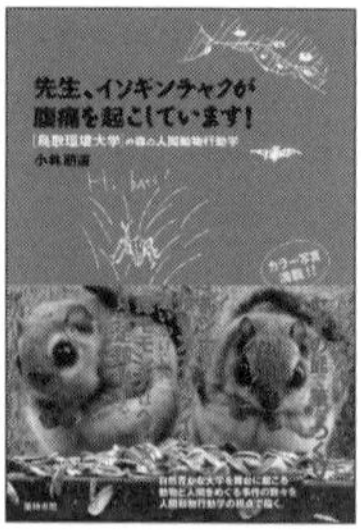

先生、イソギンチャクが腹痛を起こしています！

［鳥取環境大学］の森の人間動物行動学

小林朋道［著］1600円＋税　◎2刷

学生がヤギ部のヤギの髭で筆をつくり、メジナはルリスズメダイに追いかけられ、母モモンガはヘビを見て足踏みする……。シリーズ第10巻。カラー写真満載。

価格・刷数は2016年7月現在
総合図書目録進呈します。ご請求は下記宛先まで
〒104-0045　東京都中央区築地7-4-4-201　築地書館営業部
メールマガジン「築地書館BOOK NEWS」のお申し込みはホームページから
http://www.tsukiji-shokan.co.jp/